从零开始

郝金亭 史笑颜 著

HTML5+CSS3
快速入门教程

U0345396

人民邮电出版社

北京

图书在版编目（CIP）数据

从零开始：HTML5+CSS3快速入门教程 / 郝金亭，史
笑颜著. -- 北京：人民邮电出版社，2020.5
ISBN 978-7-115-52694-6

Ⅰ. ①从… Ⅱ. ①郝… ②史… Ⅲ. ①超文本标记语
言－程序设计－教材②网页制作工具－教材 Ⅳ.
①TP312.8②TP393.092.2

中国版本图书馆CIP数据核字(2019)第268562号

内 容 提 要

本书全面讲解使用 HTML5 和 CSS3 开发网页的过程，使读者能够迅速掌握开发静态页面的核心
知识及对应的编程能力。

本书共 9 章，第 1 章用一个完整的案例讲解了静态页面制作的流程；第 2 章讲解常用的 HTML
元素；第 3 章讲解将 CSS 引入 HTML 文件的方法，以及常用的 CSS 样式；第 4 章讲解盒模型的构
成；第 5 章讲解浮动布局；第 6 章讲解改变元素位置的定位方式；第 7 章讲解表单元素和表格元素；
第 8 章讲解 HTML5 的新增元素和 CSS3 的新增样式；第 9 章通过制作一个完整的购物网页，讲解网
页制作过程中的重点和难点。

本书配有精选的一线互联网公司的面试真题，供读者自我检测使用，并附有 HTML 标签与 CSS
样式的快速查看表。本书适合零编程基础的读者阅读，也适合具备一些编程基础且想要提升编程能
力的读者阅读。

- ◆ 著　　　　　郝金亭　史笑颜
　　责任编辑　俞　彬
　　责任印制　马振武
- ◆ 人民邮电出版社出版发行　　北京市丰台区成寿寺路 11 号
　　邮编　100164　电子邮件　315@ptpress.com.cn
　　网址　http://www.ptpress.com.cn
　　北京捷迅佳彩印刷有限公司印刷
- ◆ 开本：787×1092　1/16
　　印张：15.25
　　字数：254 千字　　　　　　　　　　2020 年 5 月第 1 版
　　印数：1 - 3 000 册　　　　　　　　2020 年 5 月北京第 1 次印刷

定价：59.80 元

读者服务热线：(010)81055410　印装质量热线：(010)81055316
反盗版热线：(010)81055315
广告经营许可证：京东工商广登字 20170147 号

本书特色

从零开始，入门级讲解： 本书从零开始讲解，为浏览器和工具提供了详细介绍与下载途径，保证零基础的读者能够顺利入门。

章前设立学习任务，让读者心中有数不迷茫： 每一章都配有总体介绍与章前任务，让读者明确学习目标，方便读者检验学习成果，做到心中有数不迷茫。

知识点与案例精密结合： 对于编程初学者来说，阅读代码和语法是件艰涩的事情。本书在讲解每一个知识点时都会配合案例进行说明，图文并茂，使读者在实际操作中加深对代码的理解。

核心内容反复讲解与练习： 本书不是一本全面的工具手册，而是在有限的篇幅内讲解网页制作中最重要、使用频率最高的 HTML 元素和 CSS 样式，使读者集中精力学习核心知识点，并通过案例进行反复练习，力求在最短时间内提升读者的编程能力。

提供来自大公司的面试真题： 本书准备了部分一线互联网公司的面试真题，供读者自我检测使用，为之后获取相关工作机会打下坚实的基础。

本书内容

第 1 章　从浏览器和编辑器开始，讲解制作网页的必备工具，给读者提供学习建议和网络资源。本章将带领读者完成一个完整的页面，无论读者之前有没有编程基础，都能在学习本章之后完成自己的第一个页面。

第 2 章　讲解 HTML 的语法和常用的 HTML 标签。经过本章的学习，读者可以学会在网页上显示图片、链接以及不同类型的文本。

第 3 章　讲解 CSS 的语法知识以及文本样式，包括改变文字的字体、字号、颜色，设置背景图片、背景颜色，控制图片的位置和显示方式，给不同状态的链接设置不同样式等。经过本章的学习，读者可以学会设置网页中的文本样式。

第 4 章　讲解盒模型的构造及每一部分的用法，讲解元素的类型及类型转换。盒模型是网页中最重要的概念之一，经过本章的学习，读者将初步学会控制元素的位置与显示方式。

第 5 章　讲解实现浮动布局和清除浮动的方法。经过本章的学习，读者能够将多个块元素置于同一行显示。

第 6 章 讲解 4 种不同的定位。定位是规定元素在网页上位置的重要手段，经过本章的学习，读者可以实现单独地、不受其他元素影响地改变某一元素的位置，还可以让元素相对视窗位置不变。

第 7 章 讲解表格与表单的写法。经过本章的学习，读者可以学会在网页上制作课程表和注册页面。

第 8 章 讲解 HTML5 的新元素和 CSS3 的新样式。经过本章的学习，读者可以学习视频、音频等多媒体元素，以及阴影、动画、过渡等新增样式。

第 9 章 通过制作一个完整的复杂页面，讲解网页制作过程中的难点和解决办法。

后续学习

本书专注于编程能力的提升，目的是让初学者在最短时间内掌握静态页面的核心知识，以达到能够编写完整页面的水平。因此，本书忽略了一些不常用的元素和属性。在学完本书之后，读者可以通过"w3school 在线教程"网站继续学习。

联系作者

作者在编写过程中，通过阅读大量资料去核实本书所述内容的准确性，对每个案例反复修改，力求让读者得到最好的学习效果。由于时间有限，书中难免有疏漏和不妥之处，欢迎读者发送邮件至 18811132138@163.com 与我们联系，帮助我们改正提高。本书为读者创建了共同学习的 QQ 群，群号为 544028317，欢迎各位读者加入。本书使用的案例素材可在 QQ 群中获取。

致谢

作者在编写过程中，得到了很多朋友和伙伴的帮助。感谢编辑在内容设计方面的建议，感谢设计师周燕华老师为本书提供精彩的案例设计，感谢赵莹玥、卜若琪同学在资料收集和代码整理过程中提供的帮助。

编者

2019 年 9 月

第 1 章 初识 HTML5——完成第一个 HTML5 页面

第 2 章 HTML 语法和基础标签

第 6 章 定位——实现元素的叠加

第 7 章 表格与表单——信息展示与信息采集

第 8 章 HTML5 与 CSS3 的新特性

第 9 章 PC 端实战——制作一个购物网页

附录

第1章 初识HTML5
——完成第一个HTML5页面

欢迎踏上HTML5的学习之旅！

本章通过制作一个比万能的"Hello,world!"更加复杂但有趣的HTML5欢迎仪式界面，让读者初窥HTML5的概貌，直观而清晰地看到一个完整的HTML5页面是怎样一步步诞生的。

本章任务　配置 HTML5 开发环境，了解 HTML5 页面的制作流程，制作一个图 1-1 所示的 HTML5 页面，并在浏览器中打开。

图1-1
HTML5页面效果图

1.1 准备HTML5开发环境

1.1.1 浏览器的使用

　　网页是在浏览器上呈现的。作为网页的载体，目前最受欢迎的浏览器有Chrome、Mozilla Firefox、Microsoft Edge、Opera、Safari等。不同的浏览器展示同一文档的页面时，会存在细微的差别，观察这些差别并做出适当调整，非常有助于开发者学习。

　　本书选择Chrome浏览器进行讲解。Chrome的界面简洁，渲染速度快，并具备很完善的开发者工具，是开发者最常用的浏览器之一。

　　下面来学习Chrome浏览器的安装和使用。

1. 下载并安装Chrome

　　在Chrome的官方网站免费下载Chrome的安装程序，如图1-2所示。

图1-2 下载Chrome浏览器

2. 使用Chrome的开发者工具

开发者工具可以帮助开发者查看网页代码、快速进行调试和查找错误。开发者应该了解和掌握这个强大的功能。

在想要查看的页面上单击右键选择【检查】，或直接按快捷键F12，会弹出一个窗口，开发者可以在这里查看页面元素，如图1-3所示。

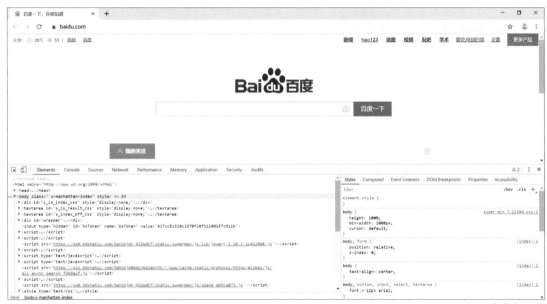

图1-3 查看页面元素

有两种查看页面元素的方法：第一种是通过源代码查看；第二种是选择页面中某一位置查看。

（1）通过源代码查看元素的属性以及元素在浏览器中的位置。

在弹出窗口的左侧选择【Elements】即可查看页面的源代码，单击想要查看的元素，弹出窗口右侧【Styles】界面就会显示该元素的属性，如图1-4所示。

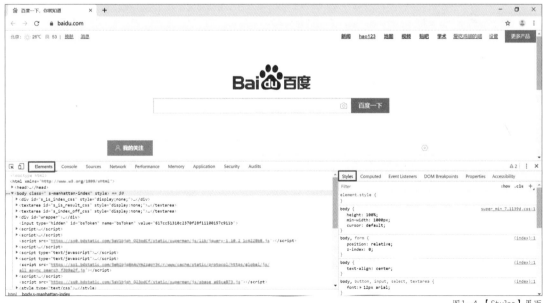

图1-4 【Styles】界面

在【Styles】界面中可以查看被选中元素的CSS属性，还可以查到被选中元素的某个CSS属性来自于哪个CSS文件，使编码调试时修改代码变得非常方便。

 这里提到的CSS属性、元素等新概念，将在后续的章节中进行详细讲解。

【Styles】界面旁边是【Computed】界面，如图1-5所示。【Computed】界面展示元素的盒模型以及经过计算之后浏览器使用的CSS属性。属性的计算由浏览器自动进行，这是浏览器渲染页面时一个必不可少的过程。

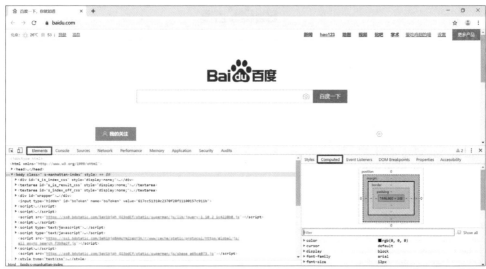

图1-5　【Computed】界面

（2）选择页面的某一部分查看对应的元素。

打开开发者工具，如图1-6所示，单击左上角的箭头图标（或按快捷键Ctrl+Shift+C）进入选择元素模式，在页面中单击需要查看的位置，此时【Elements】界面中文档对应的元素就会被标识出来（黄框位置）。

图1-6　【Elements】界面

1.1.2 下载编辑器

目前，市面上比较流行的编辑器有Atom、Sublime、eBrackets、HBuilderX、VSCode等。其中，最适合初学者使用的莫过于HBuilderX。它的优点是界面简洁、操作简单并且支持中文，能够有效地降低学习成本，为不熟悉编程的初学者提供良好的开发支持。HBuilderX没有烦琐的安装步骤，下载即可运行，可以在HBuilderX的官方网站免费下载HBuilderX的安装程序，如图1-7~图1-8所示。

图1-7 下载HBuilderX极客开发工具

图1-8 下载HBuilderX安装程序

在图1-9所示的下载弹窗中，根据计算机系统的不同，需要在【正式版】下选择相应的HBuilderX版本。Windows系统用户请选择Windows版下面的标准版，IOS系统用户请选择MacOS版下面的标准版。

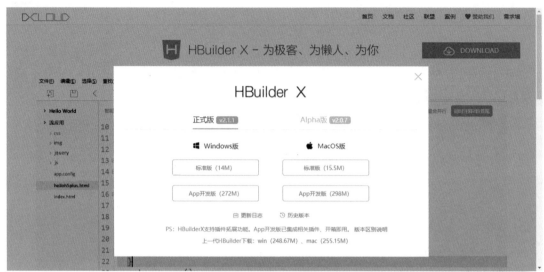

图1-9 选择HBuilderX的版本

下载完成后，解压压缩包，双击HBuilder.exe即可打开编辑器。

提示　如果文件不显示后缀名，请在资源管理器中的【查看】下选中【文件扩展名】。

1.1.3 HTML5 的学习方法

学习编程绝不是一件容易的事情。在正式开始学习之前，本书为读者制定了3个准则。

（1）动手去敲每一个案例的代码，并在每一章的学习之后检验自己的学习成果。

从现在开始，请牢牢记住，动手敲的代码越多，真正学到的就越多。本书在每章之前都设置了"本章任务"，仔细阅读它，读者将明白在本章的学习中需要达成的目标。本书为每个知识点都配有案例，读者需要在自己的计算机上敲出案例中的代码并查看结果。只有将每个案例都练习过，才能保证读者有足够的能力完成本章任务。

（2）善用搜索工具，加入相关技术群。

任何学习之路都不可能是一帆风顺的。遇到问题时，要积极寻找解决方法，如利用百度等搜索引擎进行搜索，加入相关技术群参与群里的讨论。欢迎大家加入本书的读者QQ群，群号为544028317。

（3）阅读大量的优秀网页作品。

掌握了基础知识之后，要多去看一些优秀的网站，如淘宝、百度等，可以在开发者模式下查看这些网站的代码结构，还可以试着去借鉴它们的布局，这无疑是学习HTML和CSS最好的方式了。

1.2 第一个HTML5页面

1.2.1 用 HBuilderX 创建一个项目

用HBuilderX创建一个HTML5的项目，单击【文件】→【新建】→【项目】，如图1-10所示。

图1-10 创建项目

在弹出的【新建项目】中，填写项目名称，在【位置】中单击【浏览】可以选择项目存放的位置，勾选【基本HTML项目】作为当前模板，如图1-11所示。

创建好的项目中包含css文件夹、img文件夹，它们分别用来存储css文件和项目中的图片，index.html表示项目的首页，如图1-12所示。

在文件或文件夹上单击右键，选择【删除】即可删除不需要的文件；选择【打开文件所在目录】可以打开文件在文件夹中所在的位置。

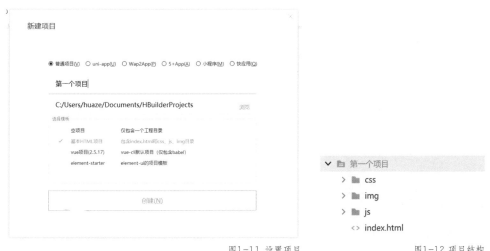

图1-11 设置项目　　　　　　　　　　　图1-12 项目结构

1.2.2 在页面中写入内容

双击index.html打开页面，项目中已经默认生成了HTML5页面所需要的结构，代码如下。

```html
<!DOCTYPE html>
<html>
    <head>
        <meta charset="UTF-8">
        <title></title>
    </head>
    <body>
    </body>
</html>
```

第1行代码不是HTML标签，而是一个声明，告诉Web浏览器当前页面应该使用哪个HTML版本进行解析。

<html>标签是整个页面的最外层围墙，用来"包裹"页面的所有内容。<head>标签相当于页面的身份证，包括了页面的所有重要信息，这一部分内容不会呈现在页面上，浏览者不能直接看到。<body>部分是页面的主体部分，包含了所有在浏览器上要呈现的内容信息，也就是浏览者可以看到的内容。

在<body>标签内加入标题和内容，标题使用<h1>标签，内容使用<p>标签，按钮使用<div>标签。不同的标签将在浏览器中呈现不同的样式，代码如下。

```html
<!DOCTYPE html>
<html lang="en">
    <head>
        <meta charset="utf-8">
        <title>Document</title>
    </head>
    <body>
        <h1>Let's start our first page！</h1>
        <p>欢迎大家来到HTML乐园，通过本书的学习，你将获得独立完成静态页面的技能，
        一起来开启你的第一个页面吧！
        </p>
        <div>Start</div>
    </body>
</html>
```

此时，网页的结构已经完成了，按Ctrl+S组合键保存文件，然后单击工具栏中的浏览器标志，如图1-13所示，即可使用浏览器打开页面，运行结果如图1-14所示。

图1-13 在浏览器中打开页面

Let's start our first page!

欢迎大家来到HTML乐园，通过本书的学习，你将获得独立完成静态页面的技能，一起来开启你的第一个页面吧！

Start

图1-14 浏览器显示效果

到目前为止，<body>标签中的内容部分已经完成了。<body>标签就像一个房间，如果将内容元素直接放入<body>标签中，就像是房间里散落一地的玩具，不易控制。因此，要创造一个透明的盒子，将所有元素都收纳起来。

<div>标签就是这个透明的盒子，它在没有添加CSS样式的时候并不会在浏览器上显示身影，但是可以将元素收纳在盒子内部，代码如下。在后面的章节中，还将详细介绍如何控制盒子的颜色、设置盒子的边框等。

```
<body>
    <div>
        <h1>Let's start our first page! </h1>
        <p> 欢迎大家来到 HTML 乐园，通过本书的学习，你将获得独立完成静态页面的技能，
    一起来开启你的第一个页面吧！
        </p>
        <div>Start</div>
    </div>
</body>
```

此时，文档中有两个<div>标签，可以使用class属性给<div>标签增加类名以作区分，代码如下。

```
<body>
    <div class="container">
        <h1>Let's start our first page! </h1>
        <p> 欢迎大家来到 HTML 乐园，通过本书的学习，你将获得独立完成静态页面的技能，
    一起来开启你的第一个页面吧！
        </p>
        <div class="btn">Start</div>
    </div>
</body>
```

1.3 用CSS美化页面

要在页面中使用CSS，需要先在<head>标签中创建一个<style>标签，页面中的样式都放在<style>标签内部，代码如下。

```
<!DOCTYPE html>
<html lang="en">
    <head>
```

```
        <meta charset="utf-8">
        <title>Document</title>
        <style>

        </style>
    </head>
    <body>
        <div class="container">
            <h1>Let's start our first page! </h1>
            <p>欢迎大家来到 HTML 乐园，通过本书的学习，你将获得独立完成静态页
        面的技能，一起来开启你的第一个页面吧！
            </p>
            <div class="btn">Start</div>
        </div>
    </body>
</html>
```

1.3.1 给页面添加背景

准备一张合适的图片作为素材。鉴于背景图片需要撑满浏览器的整个屏幕，如果图片尺寸过小，就容易显得模糊不清，建议使用1600×1200px以上的图片。

在项目中的img文件夹上单击右键，选择【打开文件所在目录】，即可打开对应的文件夹，如图1-15所示。

图1-15 打开图片文件夹

将图片命名为index.jpg，并且放入到项目的img文件夹中，如图1-16所示。

图1-16 将图片放到项目的img文件夹中

> **提示**　前面讲到，img文件夹放置整个项目的图片资源，这是因为HTML文档使用图片资源的方式不同于在Word中直接插入图片的方式，HTML文档中的图片不能直接嵌入到文档的内部，而是采用引入外部图片资源的方式。也就是说，在网页中展示任何图片都需要在HTML文档以外放置相应的图片文件，网页中写入的是图片位置的路径（CSS3和Canvas绘制的图片除外）。事实上，在HTML文档中，不仅图片资源如此，使用音频、视频等多媒体资源时同样采用从外部引入资源的方式。

　　将整个网页的高度设定为100%，即撑满整个浏览器，为了更准确地控制元素，将默认的margin和padding属性值都设为0，运行结果如图1-17所示。CSS代码如下。

```
html, body{
    height:100%;
    margin:0;
    padding:0;
}
```

图1-17 设置页面尺寸

　　由于margin在父子元素之间具有传递性，<p>标签的上边距经过最外层的<div>标签，传递给了<body>标签，导致页面高度增大，出现滚动条。因此，要给class名为"container"的<div>元素设置一条透明的上边框，以此来阻止margin的传递，CSS代码如下。

```
.container{
    border-top:1px solid transparent;
}
```

此时，页面撑满整个浏览器，运行结果如图1-18所示。

图1-18 设置页面尺寸

通过给body元素设置背景的方式，给页面设置背景图片并且居中显示。url中写入图片相对于页面的路径，本案例的图片存放在img文件夹中，并且img文件夹和index.html处于同一文件夹中，所以路径是"img/图片名称"，运行结果如图1-19所示。CSS代码如下。

```
body{
    background:red url(img/index.jpg) center center;
}
```

图1-19 设置页面背景图片

> **提示**　　**相对路径写法**
>
> 　　每使用一次"..",就上溯一层父目录,如果想上溯两层父目录,可以写成"../.."。请严格地使用HTML语言中的符号,文件之间使用"/"隔开,所有字符应该是英文字符,不可以用"\"来代替"/"。

　　由图1-19可以看到,图片在横向未撑满全屏,使用background-size属性使背景充满整个屏幕,运行结果如图1-20所示。CSS代码如下。

```
body{
    background:red url(img/index.jpg) center center;
    background-size:cover;
}
```

图1-20 调整页面背景的尺寸

1.3.2 将页面中的文本元素居中

　　观察页面可以发现,自然状态下,元素都是自上而下、从左到右分布的。在页面内容较少的情况下,这样的自然排序方式无法突出文字内容。

　　为了突出文字内容,可以将文字内容移动到页面的中心位置。此时,把元素装在盒子里的做法将起到非常重要的作用,只需把盒子移到页面中间即可,不必去移动每一个元素。

　　给body元素设置相对定位属性,这一步决定了之后定位的参考对象,CSS代码如下。

```
body{
    background:red url(img/index.jpg) center center;
    background-size:cover;
    position: relative;
}
```

以body元素为基准，设置外部div的position为absolute，实现绝对定位。将div元素的宽度设为100%，设置top属性值为页面高度的50%，设置text-align属性值为center，使文字水平居中，HTML代码如下。

```
<body>
  <div class="container">
    <h1>Let's start our first page！</h1>
    <p> 欢迎大家来到 HTML 乐园，通过本书的学习，你将获得独立完成静态页面的技能，一起
    来开启你的第一个页面吧！
    </p>
    <div class="btn" id="start">Start</div>
  </div>
</body>
```

CSS代码如下。

```
.container{
  position:absolute;
  top:50%;
  text-align:center;
  width: 100%;
}
```

调整后呈现的网页效果如图1-21所示。

图1-21 实现绝对定位

网页中的文字内容仍处于偏下的位置，想要将其调至完全居中，使用translateY将div元素上移自身高度的50%，CSS代码如下。

```
.container{
  position:absolute;
  top:50%;
  text-align:center;
  width: 100%;
  transform:translateY(-50%);
}
```

此时，页面中的文字内容完全居中，运行结果如图1-22所示。

图1-22 文字内容居中

1.3.3 调整页面文字的字体和颜色

经过前面的学习，文字内容已被成功移动到页面的中心位置。接下来，调整文字的大小和颜色，使页面中的文字更加醒目和美观。

使用font-size属性设置字体的大小，使用color属性设置字体的颜色，运行结果如图1-23所示。CSS代码如下。

```
h1{
    line-height:90px;
    color:#ffffff;
    font-size:50px;
}
p{
    line-break:80px;
    font-size:22px;
    color:#ffffff;
}
```

图1-23 调整文字的大小和颜色

1.3.4 给按钮添加边框和背景色

至此，页面的样式已经基本符合一个欢迎界面的雏形，为了使页面中的Start看起来像一个开启新世界旅程的按钮，可以采用当前最流行的扁平化设计，设置按钮的长度、宽度和背景颜色，运行结果如图1-24所示。CSS代码如下。

```
.btn{
    width: 200px;
    height: 60px;
    background-color: #7cacae;
}
```

图1-24 设置按钮的长度、宽度和背景颜色

将按钮中的文字设置为白色、24px，并且在垂直方向居中，运行结果如图1-25所示。CSS代码如下。

```
.btn{
    width: 200px;
    height: 60px;
    background-color: #7cacae;
    color: #fff;
    font-size:24px;
    line-height: 60px;
}
```

图1-25 调整按钮中的文字

为了使整个按钮的位置调整到水平居中，并且和上面的文字部分保持一定的距离，可以使用marign属性，将上边距设置为30px，左右边距设置为auto，运行结果如图1-26所示。CSS代码如下。

```
.btn{
    width: 200px;
    height: 60px;
    background-color: #7cacae;
    color: #fff;
    font-size:24px;
    line-height: 60px;
    margin: 30px auto;
}
```

图1-26　使按钮的位置水平居中

在目前常用的扁平化设计中，按钮通常会有圆角效果，可以使用CSS3中的最新属性border-radius给长方形的按钮增加圆角样式，CSS代码如下。

```
.btn{
    width: 200px;
    height: 60px;
    background-color: #7cacae;
    color: #fff;
    font-size:24px;
    line-height: 60px;
    margin: 30px auto;
    border-radius:10px;
}
```

至此，页面的静态效果已经全部完成，运行结果如图1-27所示。

图1-27　为按钮增加圆角样式

1.3.5 给页面增加动态效果

CSS3可以做出很棒的动态效果。接下来就为本案例中的页面增加动态效果，使鼠标指针移动到按钮上的时候，让按钮的形态发生变化。

在按钮的选择器后面加上:hover，表示鼠标指针移动到按钮上的状态。使用width和height分别改变按钮的宽度和高度，并调整line-height的值等于高度，实现文字的垂直居中。使用background-color改背景颜色为黄色，增加margin的值，使按钮和上面文字部分的距离更大，运行结果如图1-28所示。CSS代码如下。

```
.btn:hover{
    width:300px;
    height:100px;
    background-color:yellow;
    line-height:100px;
    margin:100px auto;
}
```

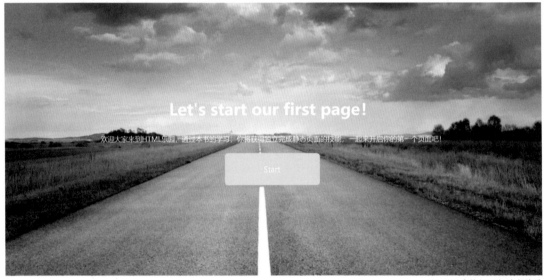

图1-28 为按钮添加动态效果

通过测试可以看出，这个动态变化是很生硬的。可以用transition属性设置过渡时间，使动态变化在一定时间内逐步完成，运行结果如图1-29所示。CSS代码如下。

```
.btn{
    width: 200px;
    height: 60px;
    background-color: #7cacae;
    color: #fff;
    font-size:24px;
    line-height: 60px;
    margin: 30px auto;
    border-radius:10px;
    transition:1s;
}
```

图1-29 设置过渡时间

使用CSS美化页面的完整代码如下。

```
<style>
    html,body{
        height:100%;
        margin:0;
        padding:0;
    }
    body{
        background:red url(img/index.jpg) center center;
        background-size:cover;
    }
    h1{
        line-height:90px;
        color:#ffffff;
        font-size:50px;
    }
    p{
        line-break:80px;
        font-size:22px;
        color:#ffffff;
    }
    .btn{
        width: 200px;
        height: 60px;
        background-color: #7cacae;
        color: #fff;
        font-size:24px;
        line-height: 60px;
        margin: 30px auto;
        border-radius:10px;
        transition:1s;
    }
    .btn:hover{
        width:300px;
        height:100px;
        background-color:yellow;
        line-height:100px;
    }
    .container{
        position:absolute;
        top:50%;
        text-align:center;
        width: 100%;
        transform:translateY(-50%);
    }
</style>
```

1.4 在手机上查看页面

随着时代的发展，越来越多的人使用手机浏览网页。如果一个页面无法适配移动端，那它无疑是落后于时代的。本节讲解如何将PC端的页面样式改成适合在手机上展示的页面样式。

在浏览器中打开开发者模式，单击切换设备工具栏，如图1-30所示，调出移动端的显示界面。

图1-30 移动端的显示界面

由于移动端和PC端在尺寸、分辨率等方面的不同，在页面没有做任何更改的时候，移动端界面上的内容会变得非常小以至于看不清。在HTML文档的<meta>中设置移动端的viewport显示窗口，保存代码并测试，运行结果如图1-31所示。HTML代码如下。

```
<meta name="viewport" content="width=device-width,initial-scale=1.0 user-scale"/>
```

图1-31 设置移动端的viewport显示窗口

通过设置移动端的显示窗口，页面在移动端上的展示效果看起来已经很舒服了。但由于图片尺寸的缩小，段落的内容和屏幕边界连在了一起，影响视觉效果。可以通过给外层盒子增加内边距来保证所有元素离屏幕边界都有一定的距离，同时使用calc()方法，将width缩小40px。保存代码并测试，运行结果如图1-32所示。CSS代码如下。

```
.container{
    padding: 0 20px;
    position:absolute;
    top:50%;
    text-align:center;
    width: calc(100% - 40px);
    transform:translateY(-50%);
}
```

图1-32 增加内边距后的效果

到此，一个由图片、文字和简单动态效果构成的HTML5欢迎界面已经完成，接下来的章节会从语法和使用两方面来详细讲解HTML5和CSS3的基本知识。

第2章 HTML 语法和基础标签

本章将详细讲解HTML的语法和常用的HTML元素。经过本章的学习，读者将学会如何在网页上显示图片、显示不同类型的文本以及实现页面跳转。

本章所有的案例都需要读者动手练习，仅靠阅读是绝对没办法学会如何制作页面的。学习过程中切勿只当一个旁观者，读者只有切实地把案例中的代码都敲出来并在浏览器上得到正确的效果，才能确保学会正确使用HTML元素和它们的属性，并在本章学习结束后没有阻碍地完成本章任务。

本章任务

学习 HTML 中最基础的元素，完成案例中的咖啡馆介绍页面。

要求：

（1）单击图 2-1 咖啡馆介绍页面中的"查看菜单"，页面会滚动到图 2-2 的状态；

（2）按照图 2-2 所示的顺序对咖啡馆菜单进行百分之百还原；

（3）使用两种浏览器打开咖啡馆介绍页面，检查不同浏览器渲染的页面是否一致；

（4）创建一个 img 文件夹，把所有的图片资料放在一起。

需要注意的是，HTML 的主要功能是使网页结构化，但其无法控制网页的样式，所以本章案例大多不够美观，但别急，在之后的章节中会使用 CSS 来解决这个问题。

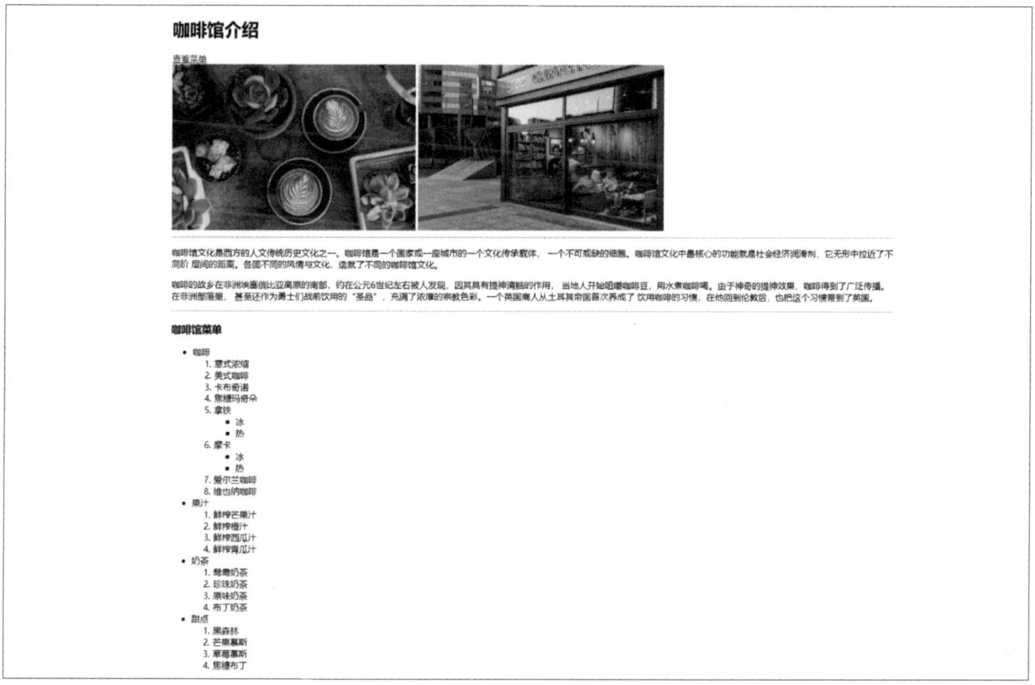

图2-1　咖啡馆介绍

图2-2　咖啡馆菜单

2.1 HTML基础语法

HTML 页面由不同元素经过嵌套组成，本节讲解 HTML 页面所遵循的语法规则。

2.1.1 HTML 语法规则

简单来说，HTML 的语法就是给文本加上表明文本含义的标签(Tag)，让人和浏览器能够更好地理解文本。本小节主要讲解 HTMl 的相关概念，建立语法体系，案例较少。如果读者在阅读本小节时感到困惑，可以先快速浏览这一部分内容，等遇到问题时再返回查看。

1.HTML 文档

HTML 文档以 .html 或 .htm 为文件后缀，告知浏览器该文件的类型。

双击 .html 文件即可在浏览器中打开 HTML 文档，如图 2-3 所示。

在 .html 文件上单击右键，弹出菜单，在【打开方式】中可选择想要使用的浏览器，如图 2-4 所示。

名称	修改日期	类型
css	2019/8/9 17:41	文件夹
img	2019/8/9 17:41	文件夹
index.html	2019/6/26 13:41	HTML 文件

图2-3 打开HTML文件的方法

Google Chrome
Internet Explorer
Microsoft Edge
搜索 Microsoft Store(S)
选择其他应用(C)

图2-4 选择浏览器

2.元素语法

HTML 标签是由尖括号包围的关键词，如 p 是一个表明段落的关键词，给 p 加上标签，就成为 \<p\> 标签。

一个元素通常是由一个开始标签、内容以及一个结束标签组成的。结束标签中要用"/"表示元素结束，如图 2-5 所示。

图2-5 元素结构

3.属性

属性用来指定元素的附加信息，使元素个性化。如图 2-6 和图 2-7 所示，属性添加在开始标签中，属性由属性名和双引号括起来的属性值组成，它们之间使用等号连接，语法如下。

```
< 元素名 属性名 1=" 值 1" 属性名 2=" 值 2"></ 元素名 >
```

图2-6 d属性

图2-7 href属性

表 2-1 列出了适用于大部分元素的属性。

表2-1 适用于大部分元素的属性

属性	值	描述
class	classname	规定元素的类名（classname）
id	id	规定元素的唯一 id
style	style_definition	规定元素的行内样式
title	text	规定元素的额外信息（可在工具提示中显示）

元素名和属性名都不区分大小写，一般采用小写。当元素拥有不止一个属性的时候，属性之间用空格隔开，代码如下。

```
<div class="btn" id="start">Start</div>
```

2.1.2 HTML 文档的基础结构

以一个最简单的HTML文档为例，来展示HTML文档的基础结构，代码如下。

```
<!DOCTYPE html>
<html>
  <head>
    <meta charset="UTF-8">
    <title>Document</title>
  </head>
  <body>
    <p> 我是 HTML 文档 </p>
  </body>
<html>
```

下面分别解释这段代码中每个元素的含义。

<!DOCTYPE html>声明位于HTML文档的第一行，为浏览器提供HTML的版本信息。

<html>元素是页面的根元素，所有的HTML文档都应该有一个<html>元素。<html>元素可以包含<head>和<body>两部分。

<head>元素包含整个网页的信息。

<title>元素用于文档的名字，通常出现在浏览器窗口的标题栏或状态栏中。

<meta>元素通常用于指定网页的描述及其他元数据。<meta>元素的charset属性告知浏览器此页面的字符编码格式，如charset="UTF-8"表示此页面遵循Unicode的编码标准。

<body>元素用来存放文档的具体内容。

<p>元素表示一个段落。

2.1.3 元素的嵌套

1.什么是嵌套

把一个元素放入另一个元素中称为元素的嵌套，嵌套是构建HTML页面的方式。可以将<head>元素嵌套在<html>元素中，<p>元素嵌套在<body>元素中，代码如下。

```
<!DOCTYPE html>
<html>
  <head>
    <meta charset="UTF-8">
    <title>Document</title>
  </head>
```

```
    <body>
        <p> 一起进入 <em>HTML 乐园 </em></p>
    </body>
<html>
```

2. 树形图表示嵌套关系

为了更好地理解上述代码，可将代码转换为树形图的形式，如图2-8所示。

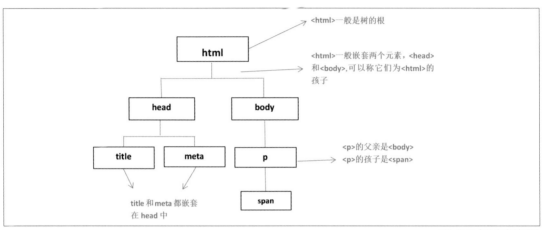

图2-8 元素的嵌套树形图

3. 使用元素的嵌套保证标签的正确匹配

嵌套的一个重要作用就是保证标签的正确匹配。正确的标签匹配情况是，一个元素完全包含另一个元素，如图2-9所示。代码如下。

```
<p> 一起进入 <em>HTML 乐园 </em></p>
```

 ‹em› 标签的作用是强调内容。

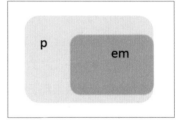

图2-9 em元素完全嵌套在p元素中

当两个元素互相交叉的时候，标签的匹配会出现错误，如图2-10所示。代码如下。

```
<p> 一起进入 <em>HTML 乐园 </p></em>
```

错误的嵌套可能导致网页无法在浏览器上使用，正确的嵌套可以避免标签不匹配。

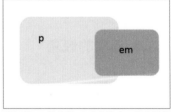

图2-10 em元素从p元素中漏出，嵌套错误

2.2 文本元素

标题、段落、超链接、文本换行、被CSS取代的文本格式化等都是HTML中的文本元素，使用正确的文本元素对网页的可读性有重要意义，务必认真学习。

2.2.1 标题

HTML标题是通过<h1>到<h6>标签定义的，<h1>定义最大的标题，<h6>定义最小的标题，浏览器显示效果如图2-11所示，代码如下。

```
<!DOCTYPE html>
<html lang="en">
   <head>
      <meta charset="UTF-8">
      <title>Document</title>
   </head>
   <body>
      <h1>This is a h1</h1>
      <h2>This is a h2</h2>
      <h3>This is a h3</h3>
      <h4>This is a h4</h4>
      <h5>This is a h5</h5>
      <h6>This is a h6</h6>
   </body>
</html>
```

图2-11 HTML标题

用户可以通过标题快速浏览网页，所以用标题呈现文档结构是很重要的。应该按照标题的级别，将<h1>用作最重要的主标题，将<h2>用作次重要的标题，依此类推至<h6>。这和一本书的结构是类似的，有章、节、小节等。请确保将<h1>到<h6>只用于标题，不要仅仅为了生成粗体或大号的文本而使用标题标签。

2.2.2 段落——<p> 标签

在一篇文章中，作者一般会使用分段的形式划分不同的内容，使文章易于阅读。<p>可以在网页中实现分段的效果，使每个段落都另起一行并且段落之间会有间距。接下来通过一首古诗来了解<p>的样式，浏览器显示效果如图2-12所示。代码如下。

```
<<!DOCTYPE html>
<html lang="en">
   <head>
      <meta charset="UTF-8">
      <title>Document</title>
   </head>
```

```
<body>
    <h1> 竹里馆 </h1>
    <p> 独坐幽篁里,
    弹琴复长啸。</p>
    <p>
        深林人不知,
        明月来相照。</p>
</body>
</html>
```

竹里馆

独坐幽篁里，　弹琴复长啸。

深林人不知，　明月来相照。

图2-12 <p>标签的应用

由图2-12可以看出，浏览器会自动忽略标签内部的换行。请记住，浏览器不会介意换行、回车和大多数的空格，标签中的内容可以在任意一行开始，在任意一行结束。因此，只需要确认元素是以开始标签开始、以结束标签结束就够了。

2.2.3 HTML 折行——
 标签

如果需要在不产生一个新段落的情况下进行换行，请使用
标签，浏览器显示效果如图2-13所示。代码如下。

```
<!DOCTYPE html>
<html lang="en">
    <head>
        <meta charset="UTF-8">
        <title>Document</title>
    </head>
    <body>
        <h1> 竹里馆 </h1>
        <p> 独坐幽篁里, <br>
        弹琴复长啸。</p>
        <p>
            深林人不知, <br>
            明月来相照。</p>
    </body>
</html>
```

竹里馆

独坐幽篁里，
弹琴复长啸。

深林人不知，
明月来相照。

图2-13 换行符效果

br元素只代表换行，所以它没有元素内容，也没有结束标签。这类没有标记文本和结束标签的元素称为空元素。

提示　一般来说，HTML元素都需要开始标签和结束标签，但空元素除外，空元素没有内容，所以不需要闭合。

常见空元素：

（1）
表示换行；

（2）<hr>表示分隔线；

（3）<input>表示文本框等；

（4）<img>表示图片；

（5）<meta>常用于指定网页的描述、关键词、文件的最后修改时间、作者及其他元数据。

读者在阅读一本书的时候，通常会写批注帮助理解。代码的世界同样如此，开发人员利用注释标注某一部分代码的功能，使代码易于阅读。

如果用 "<!--" 和 "-->" 把注释内容括起来，浏览器就会把注释内容通通忽略掉。

在古诗最前面加入注释 "这是一首王维的古诗"，且不显示在浏览器的页面中，浏览器显示效果如图2-14所示，代码如下。

```
<!DOCTYPE html>
<html lang="en">
    <head>
        <meta charset="UTF-8">
        <title>Document</title>
    </head>
    <body>
        <!--<p> 这是一首王维的古诗 </p>-->
        <h1> 竹里馆 </h1>
        <p> 独坐幽篁里, <br>
        弹琴复长啸。</p>
        <p>
            深林人不知, <br>
            明月来相照。</p>
    </body>
</html>
```

竹里馆

独坐幽篁里，
弹琴复长啸。

深林人不知，
明月来相照。

图2-14 浏览器没有识别注释内容

2.2.4 文本格式化

文本格式化标签可以实现文本的不同样式和意义，如<em>标签表示强调，<i>标签表示斜体，<strong>标签表示加粗等。格式化文本的效果现在已经被CSS样式所取代，读者只需简单了解即可。文本格式化的相关标签如表2-2所示。

表2-2　文本格式化的相关标签

标签	描述	标签	描述
<b>	定义粗体文本	<strong>	定义加重语气
<big>	定义大号字	<sub>	定义下标字
<em>	定义着重文字	<sup>	定义上标字
<i>	定义斜体字	<ins>	定义插入字
<small>	定义小号字	<del>	定义删除字

文本格式化在浏览器上的显示效果如图2-15所示。代码如下。

```
<!DOCTYPE html>
<html>
    <head>
        <meta charset="UTF-8">
        <title>Document</title>
    </head>
    <body>
        <b>This text is bold</b>
        <br>
        <strong>This text is strong</strong>
```

This text is bold
This text is strong
This text is big
This text is emphasized
This text is italic
This text is small
This text contains subscript
This text contains superscript

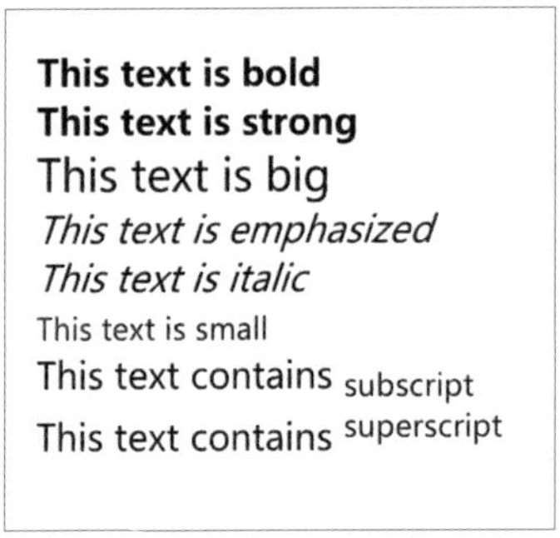

图2-15 文本格式化在浏览器上的显示效果

```
      <br>
      <big>This text is big</big>
      <br>
      <em>This text is emphasized</em>
      <br>
      <i>This text is italic</i>
      <br>
      <small>This text is small</small>
      <br>
      This text contains
      <sub>subscript</sub>
      <br>
      This text contains
      <sup>superscript</sup>
   </body>
</html>
```

2.3 HTML超链接——\<a\>标签

2.3.1 初识超链接

超链接由\<a\>标签定义，几乎在所有网页中都可以找到超链接。超链接主要实现两个功能：①页面之间的跳转；②书签。

读者通过常用的搜索引擎"百度"就能体会超链接的功能。在浏览器的地址栏中输入www.baidu.com进入百度首页，在搜索栏中输入关键词"超链接"，如图2-16所示。

图2-16 超链接案例

单击第一个词条"超链接 百度百科"，会跳转到另一个页面，如图2-17所示。这一步操作中的跳转功能就是通过超链接\<a\>标签来实现的。超链接在本质上属于网页的一部分，它是一种允许页面之间进行链接的元素。各个网页链接在一起才能真正构成一个网站。

图2-17 跳转结果

在图2-18页面的"目录"中，单击"动态静态"，可以看到页面跳转到了同一页面的最下部，即图2-19所示的"动态静态"位置，这是运用了超链接的锚点功能，也可以理解为书签功能。

图2-18 单击"动态静态"　　　　　　　　　　　　　　图2-19 同一页面跳转

提示　所谓超链接，是指从一个网页指向一个目标的连接关系。这个目标可以是另一个网页，也可以是相同网页上的不同位置，还可以是一个图片、一个电子邮件地址、一个文件，甚至是一个应用程序。

2.3.2 超链接语法

超链接语法如下。

```
<a href="url">Link text</a>
```

<a>标签的常用属性如表2-3所示。

表2-3 <a>标签的常用属性

属性	值	描述
href	url	规定链接指向的页面的url，可以是任何有效文档的相对或绝对路径
target	_blank	规定在何处打开链接文档
	_parent	
	_self	
	_top	

2.3.3 href属性——绝对路径和相对路径

1.绝对路径

要找到需要的文件就必须知道文件位置，而表示文件位置的方式就是路径。例如，一张图片的路径是C:/website/img/photo.jpg，只要看到这个路径，不需要其他信息，就知道photo.jpg文件是在计算机C盘的website目录下的img子目录中，类似这样完整描述文件位置的路径就是绝对路径。

在文件上单击右键，选择属性即可查看该文件的路径信息，如图2-20所示。

2.相对路径

相对路径，顾名思义就是自己相对于目标位置的路径。如图2-21所示，将文件夹1视为根目录，文件1.html通过<a>标签链接到文件2.html。此时，文件2.html的绝对路径是文件夹1/网页文件/文件2.html；文件2.html的相对路径是文件2.html。

图2-20 查看文件的绝对路径

将图2-21中的文件夹"网页文件"从"文件夹1"移动到"文件夹2"，结果如图2-22所示。此时，文件2.html的绝对路径是文件夹1/文件夹2/网页文件/文件2.html；文件2.html的相对路径是文件2.html。

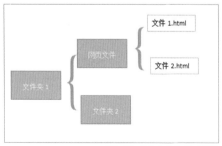

图2-21 查看文件的相对路径

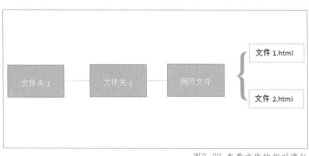

图2-22 查看文件的相对路径

开发人员写网站时，一般把多个页面放在一个文件夹下。当移动项目文件夹时，文件的绝对路径发生变化，相对路径不变。所以，如果一个文件夹里面有多个页面互相跳转的情况，请使用相对路径，避免因文件夹的移动等因素造成的路径变化。

提示　**URL 的写法**

每使用一次 ".."，就上溯一层父目录，如果想上溯两层父目录，可以写成 "../.."。请严格地使用 HTML 语言中的符号，所有字符应该是英文字符，不可以用 "\" 来代替 "/"。

练习

（1）以文件夹1为根目录，请写出图2-23中所有文件的路径。

（2）在文件1.html中，写出文件3.html的绝对路径和相对路径。

（3）在文件5.html中，写出文件3.html的绝对路径和相对路径。

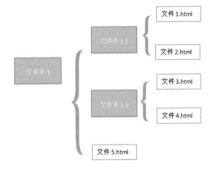

图2-23 文件路径示意图

2.3.4　target 属性

<a> 标签的 target 属性规定在何处打开链接文档，默认值为 _self，在当前窗口中打开被链接文档。target 属性的值如表 2-4 所示。

表2-4　target 属性的值

值	描述
_blank	在新窗口中打开被链接文档
_self	默认值，在相同的窗口中打开被链接文档
_parent	在父框架集中打开被链接文档
_top	在整个窗口中打开被链接文档
framename	在指定的框架中打开被链接文档

2.3.5　<a> 标签的应用

1.页面跳转

【例2-1】页面跳转

使用 <a> 标签，实现从 "超链接.html" 跳转到 "目标.html"。

首先，准备好两个页面作为素材。新建文件夹 "超链接"，在文件夹内新建两个文件夹，分别命名为 "超链接.html" 和 "目标.html"，如图2-24所示。

图2-24 超链接文件夹

其次，使用之前学过的元素，在目标页面中写任意内容，浏览器显示效果如图2-25所示。代码如下。

```html
<!DOCTYPE html>
<html>
  <head>
     <meta charset="UTF-8">
     <title> 目标页面 </title>
  </head>
  <body>
     <h1> 目标页面 </h1>
     <h3> 第一小节 </h3>
     <p> 所谓超链接，是指从一个网页指向一个目标的连接关系。这个目标可以是另一个网页，也
可以是相同页面上的不同位置，还可以是一个图片，一个电子邮箱地址，一个文件，甚至是一个应用
程序。
     </p>
  </body>
</html>
```

目标页面

第一小节

所谓超链接，是指从一个网页指向一个目标的连接关系。这个目标可以是另一个网页，也可以是 相同网页上的不同位置，还可以是一个图片，一个电子邮件地址，一个文件，甚至是一个应用程序。

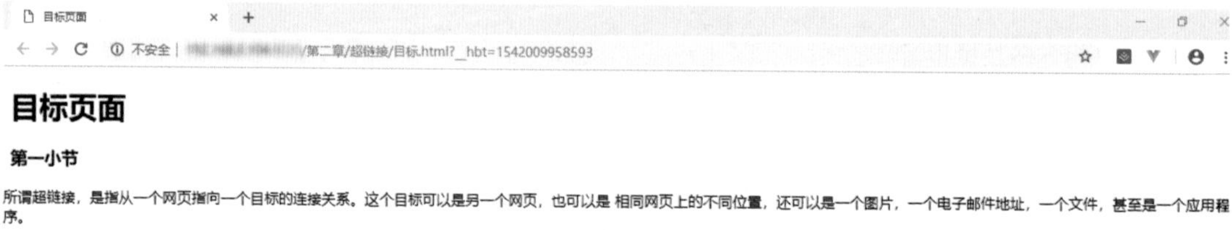

图2-25 在浏览器中打开目标文件

最后，在"超链接.html"中写入一个<a>标签，在标签内写入文本"跳转到目标页面"并且指定<a>标签的href属性为目标链接的地址，浏览器显示效果如图2-26所示。代码如下。

```html
<!DOCTYPE html>
<html>
  <head>
     <meta charset="UTF-8">
     <title> 目标页面 </title>
  </head>
  <body>
     <a href=" 目标 .html"> 跳转到目标页面 </a>
  </body>
</html>
```

图2-26 在浏览器中打开超链接文件

这样，就在页面上成功写入了一个超链接，单击"跳转到目标页面"，页面跳转到"目标 .html"。

2.设置锚点

【例2-2】设置锚点

准备如图2-27所示的素材页面，实现单击页面最顶部的"书签：第六小节"，使页面滚动到第六小节所在位置，代码如下。

```
<!DOCTYPE html>
<html lang="zh">
    <head>
        <meta charset="UTF-8" />
        <title> 目标页面 </title>
    </head>
    <body>
        <a href=""> 书签：第六小节 </a>
        <h3> 第一小节 </h3>
        <br>
        <br>
        <br>
        <br>
        <h3> 第二小节 </h3>
        <br>
        <br>
        <br>
        <br>
        <h3> 第三小节 </h3>
        <br>
        <br>
        <br>
        <br>
        <h3> 第四小节 </h3>
        <br>
        <br>
        <br>
        <br>
        <h3> 第五小节 </h3>
        <br>
        <br>
        <br>
        <br>
        <h3> 第六小节 </h3>
        <p> 所谓超链接，是指从一个网页指向一个目标的连接关系。这个目标可以是另一个网页，也可
以是相同网页上的不同位置，还可以是一个图片，一个电子邮件地址，一个文件，甚至是一个应用程序。
        </p>
        <h3> 第七小节 </h3>
        <br>
        <br>
        <br>
        <br>
        <h3> 第八小节 </h3>
        <br>
```

```
            <br>
            <br>
            <br>
            <h3> 第九小节 </h3>
            <br>
            <br>
            <br>
            <br>
            <h3> 第十小节 </h3>
            <br>
            <br>
            <br>
            <br>
            <h3> 第十一小节 </h3>
            <br>
            <br>
            <br>
            <br>
            <h3> 第十二小节 </h3>
            <br>
            <br>
            <br>
            <br>
    </body>
</html>
```

图2-27 素材页面

用id属性为第六小节的位置设置锚点，代码如下。

```
<h3 id="mark"> 第六小节 </h3>
```

id属性会在文档中放置一个标志，id名是独一无二的。在一个HTML文档中，一个id不可以出现多次。

> **提示**　在HTML4之前，需要使用name属性来设置锚点，后被id属性代替。HTML5已经不再支持name属性。

在超链接中添加标记，使用"#"+id名称的方式来寻找id标志，代码如下。

```
<a href="#mark"> 书签：第六小节 </a>
```

此时，单击超链接，页面就会跳转到用id标记过的位置，如图2-28所示。

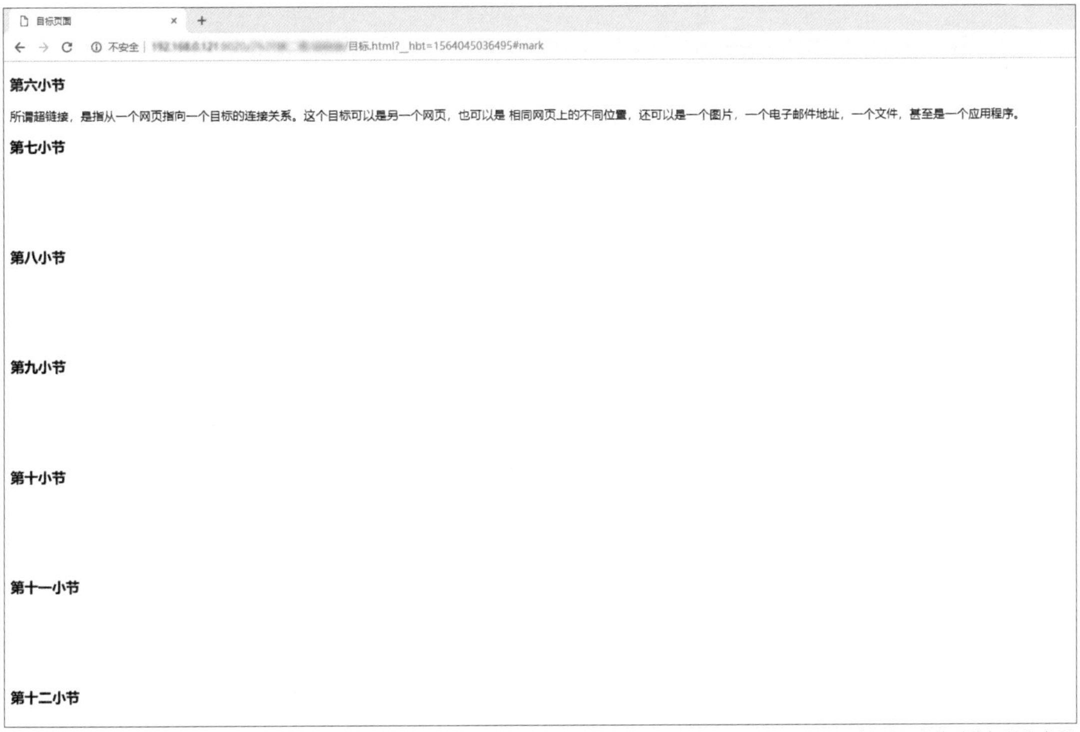

图2-28　跳转到被标记的位置

2.4 HTML图像——<img>标签

在HTML中，图像由<img>标签定义。<img>是一个空标签，它只包含属性，并且没有闭合标签，语法如下。<img>标签的必选属性如表2-5所示。

```
<img src="url" alt="text">
```

表2-5 <img>标签的必选属性

属性	值	描述
alt	text	规定图像的替代文本
src	url	规定显示图像的 URL

1.src属性

src是<img>标签的必选属性，它的值是图像文件的URL，也就是引用该图像文件的绝对路径或相对路径。

 提示 为了方便整理文档，创作者通常会把图像文件存放在一个单独的文件夹中，命名为pics、images等。

width控制图片的宽度，height控制图片的高度。如果没有设置宽高的话，浏览器上会显示图片原本的尺寸。

2.alt属性

alt属性指定了替代文本，当图片地址有误时，显示alt里面的文字内容。

设置图片的宽度和高度，并且在图片地址出错的时候用文字标注图片信息，浏览器显示效果如图2-29、图2-30所示。代码如下。

```
<img src="img/lemon.jpg" alt=" 柠檬 " width="400px" height="300px"/>
```

图2-29 当图片地址正确的时候　　　　　　　　图2-30 当图片地址出错的时候

【例2-3】一个超链接图片

把图片标签嵌套在超链接标签里面，得到一个超链接图片，如图2-31所示。单击图片，可以跳转到链接的地址，如图2-32所示。代码如下。

```
<!DOCTYPE html>
<html>
    <head>
        <meta charset="UTF-8">
        <title> 目标页面 </title>
    </head>
    <body>
        <a href="https://www.baidu.com/"><img src="img/bee.png"/></a>
    </body>
</html>
```

图2-31 超链接图片在浏览器上的显示效果

图2-32 单击图片跳转到链接中的地址

2.5 列表

列表是一种常用的将内容分类的方法。表2-6列举了列表相关的标签。

表2-6　列表相关的标签

标签	描述	标签	描述
<ol>	定义有序列表	<dl>	定义定义列表
<ul>	定义无序列表	<dt>	定义定义项目
<li>	定义列表项	<dd>	定义定义的描述

2.5.1 无序列表

当列表中的顺序不重要并且更改次序不影响表达的时候，通常使用无序列表 <ul> 标签。无序列表的子项是且只能是 <li> 标签，不可以在 <ul> 标签中嵌套其他标签。

不规定样式的时候，无序列表使用粗体圆点标识它的每一个子项，如图2-33所示。代码如下。

```
<!DOCTYPE html>
<html>
    <head>
        <meta charset="UTF 8">
        <title>Document</title>
    </head>
    <body>
        <ul>
            <li>apple</li>
            <li>banana</li>
            <li>peach</li>
            <li>grape</li>
        </ul>
    </body>
</html>
```

- apple
- banana
- peach
- grape

图2-33 无序列表在浏览器上的显示效果

2.5.2 有序列表

当列表的顺序有意义并且不能随意更改的时候，要使用有序列表 <ol>。有序列表的子项同样只能是 <li> 标签。

不规定样式的时候，有序列表使用阿拉伯数字标识它的每一个子项，如图2-34所示。代码如下。

```
<!DOCTYPE html>
<html>
    <head>
        <meta charset="UTF-8">
        <title>Document</title>
    </head>
    <body>
        <ol>
            <li>apple</li>
            <li>banana</li>
            <li>peach</li>
            <li>grape</li>
        </ol>
    </body>
</html>
```

1. apple
2. banana
3. peach
4. grape

图2-34 有序列表在浏览器上的显示效果

2.5.3 定义列表

定义列表不仅仅是一个项目，而是项目及其注释的组合。

定义列表以 <dl> 标签开始，定义列表项以 <dt> 开始，定义列表项的定义以 <dd> 开始，如图2-35所示。代码如下。

```
<!DOCTYPE html>
<html>
   <head>
      <meta charset="UTF-8">
      <title>Document</title>
   </head>
   <body>
      <dl>
         <dt>apple</dt>
         <dd>a red fruit</dd>
         <dt>banana</dt>
         <dd>a yellow fruit</dd>
         <dt>orange</dt>
         <dd>an orange fruit</dd>
         <dt>grape</dt>
         <dd>a purple fruit</dd>
      </dl>
   </body>
</html>
```

apple
　　a red fruit
banana
　　a yellow fruit
orange
　　an orange fruit
grape
　　a purple fruit

图2-35 定义列表在浏览器上的显示效果

2.5.4 列表的嵌套

列表之间可以相互嵌套，如图2-36所示。代码如下。

```
<!DOCTYPE html>
<html>
<head>
   <meta charset="UTF-8">
   <title> 列表嵌套 </title>
</head>
<body>
   <ol>
      <li> 咖啡 </li>
      <li> 奶茶 </li>
      <li> 果汁
         <ul>
            <li> 苹果汁 </li>
            <li> 橙汁 </li>
            <li> 柠檬水 </li>
            <li> 西瓜汁 </li>
         </ul>
      </li>
   </ol>
</body>
</html>
```

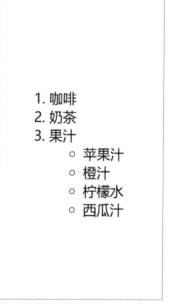

图2-36 有序列表内部嵌套了一个无序列表

列表嵌套需要注意哪些事项呢？先来观察A同学提交的练习结果是否有问题，如图2-37所示。代码如下。

```
<body>
    <h1> 列表嵌套 </h1>
    <ul>
        <li> 咖啡 </li>
        <ol>
            <li> 意式浓缩 </li>
            <li> 拿铁 </li>
            <li> 卡布奇诺 </li>
        </ol>
        <li> 茶 </li>
        <ol>
            <li> 红茶 </li>
            <li> 绿茶 </li>
            <li> 果茶 </li>
        </ol>
        <li> 果汁 </li>
        <li> 可乐 </li>
        <li> 雪碧 </li>
    </ul>
</body>
```

列表嵌套

- 咖啡
    1. 意式浓缩
    2. 拿铁
    3. 卡布奇诺
- 茶
    1. 红茶
    2. 绿茶
    3. 果茶
- 果汁
- 可乐
- 雪碧

图2-37 A同学练习结果的渲染结构

从A同学练习结果的渲染结构上看，并不能发现问题所在。但是，HTML使用不同标签的目的并不是为了表现外观，而是构建合理的结构。从结构上分析，很容易找到A同学的错误，如图2-38所示。

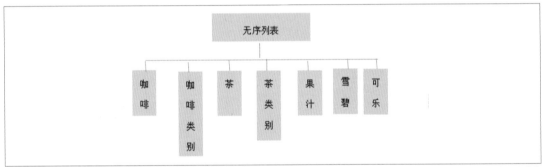

图2-38 A同学练习结果的结构

列表是一种表示顺序的文本形式，嵌套可以表现内容之前的包含关系。

分析上述案例的语义，可以得知这是一个对饮料的分类，即饮料分为咖啡、茶、果汁、雪碧、可乐5种类型。其中，咖啡又包括意式浓缩、拿铁、卡布奇诺3种类型，茶包括红茶、绿茶、果茶3种类型。因此，该案例中存在两个问题：①没有将咖啡种类放在咖啡目录下，没有将茶的种类放在茶目录下，结构上违背了列表原先要表达的实际含义；②违反了<ul>标签只能有<li>作为子项的原则。修改之后正确的代码如下。

```
<body>
    <h1> 列表嵌套 </h1>
    <ul>
        <li> 咖啡
            <ol>
```

```
            <li> 意式浓缩 </li>
            <li> 拿铁 </li>
            <li> 卡布奇诺 </li>
          <ol>
      </li>

      </li> 茶
        <ol>
            <li> 红茶 </li>
            <li> 绿茶 </li>
            <li> 果茶 </li>
        <ol>
      </li>
      <li> 果汁 </li>
      <li> 可乐 </li>
      <li> 雪碧 </li>
  </ul>
</body>
```

思考与练习

一、填空题

（　　）标签必须直接嵌套于ul、ol中。

二、单选题

1. 选出你认为最合理的定义标题的方法。（　　）

A.<span class="heading">文章标题</span>　　　　B.<p><b>文章标题</b></p>

C.<h1>文章标题</h1>　　　　　　　　　　　　D.<strong>文章标题</strong>

2.
标签在HTML中的语义为（　　）。

A.换行　　　B.强调　　　　C.段落　　　D.标题

3. 以下哪个是无序列表？（　　）

A.<ul>　　　B.<ol>　　　C.<dir>　　　D. <dl>

4. 下面哪一个标签可以用来换行？（　　）

A.<hr>　　　B.
　　　C.<tr>　　　D.<td>

三、多选题

一份标准的HTML文档有哪几个必需的HTML标签？（　　）

A.<html>　　　B.<head>　　　C.<title>　　　D.<body>

四、判断题

1.在不涉及样式的情况下，页面元素的优先显示与结构摆放顺序无关。（　　）

2.在不涉及样式的情况下，页面元素的优先显示与标签选用无关。（　　）

五、简答题

1. img的alt和title有哪些不同点？

2. 写出ul、ol、dl3种列表的HTML结构。

实践题

请完成本章开头的"本章任务"，如图2-39所示。

图2-39　咖啡馆介绍

第3章 CSS语法和基础属性

如果说纯HTML页面是一座勉强可以遮风避雨的毛坯房，那么CSS必然就是一位优秀的装修设计师，经过CSS的加工，毛坯房摇身一变成了美丽居室。CSS样式将彻底解决页面的布局及样式的问题，极大地提升网页的美观性与可读性。

本章主要讲解CSS的语法知识以及文本样式，包括如何改变文本的字号、字体、颜色；如何设置背景图片、背景颜色；如何控制图片的位置和显示方式；如何给不同状态的链接设置不同样式；等等。本章内容包含大量的细节，请读者认真练习文章中出现的所有案例。经过本章的学习，读者可以像在Word中编辑文本样式一样，轻松设置网页中的文本样式。

本章任务

学习CSS语法与文本样式，完成如图3-1所示的游走在建筑与艺术之间页面。

要求：

（1）设置背景图片，并且撑满整个屏幕；

（2）标题水平居中，字号为40px，字体为MicrosoftYaHeiUI-Bold；

（3）所有段落字体为20px，行高为字体的2倍，首行缩进两个字符，字体为MicrosoftYaHeiUI；

（4）使用类名选择器，给每段开头的重要词汇设置背景颜色。

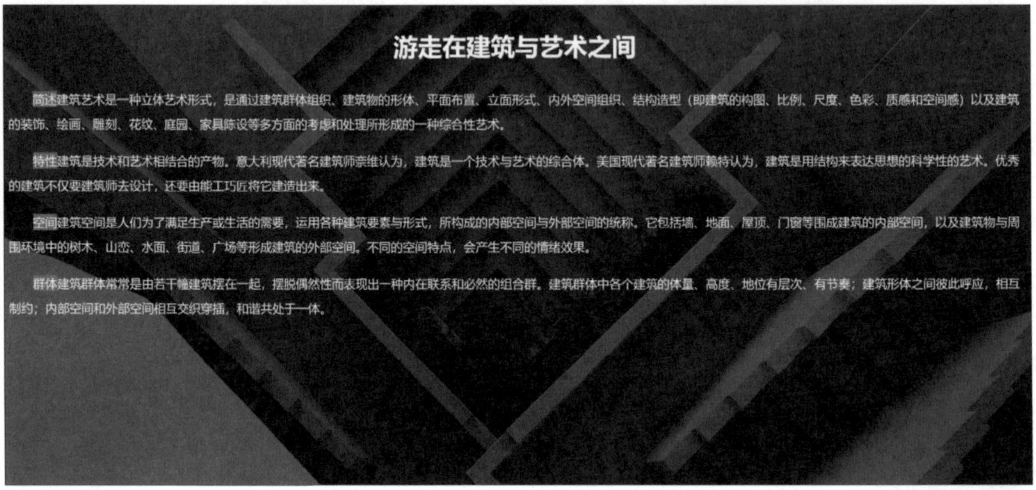
游走在建筑与艺术之间
简述建筑艺术是一种立体艺术形式，是通过建筑群体组织、建筑物的形体、平面布置、立面形式、内外空间组织、结构造型（即建筑的构图、比例、尺度、色彩、质感和空间感）以及建筑的装饰、绘画、雕刻、花纹、庭园、家具陈设等多方面的考虑和处理所形成的一种综合性艺术。
特性建筑是技术和艺术相结合的产物。意大利现代著名建筑师奈维认为，建筑是一个技术与艺术的综合体。美国现代著名建筑师赖特认为，建筑是用结构来表达思想的科学性的艺术。优秀的建筑不仅要建筑师去设计，还要由能工巧匠将它建造出来。
空间建筑空间是人们为了满足生产或生活的需要，运用各种建筑要素与形式，所构成的内部空间与外部空间的统称。它包括墙、地面、屋顶、门窗等围成建筑的内部空间，以及建筑物与周围环境中的树木、山峦、水面、街道、广场等形成建筑的外部空间。不同的空间特点，会产生不同的情绪效果。
群体建筑群体常常是由若干幢建筑摆在一起，摆脱偶然性而表现出一种内在联系和必然的组合群。建筑群体中各个建筑的体量、高度、地位有层次、有节奏；建筑形体之间彼此呼应，相互制约；内部空间和外部空间相互交织穿插，和谐共处于一体。

图3-1 游走在建筑与艺术之间页面效果图

3.1 在HTML文档中引入CSS的3种常用方法

本节将以图3-2所示的行星简介页面为例，介绍在HTML文档中引入CSS的3种常用方法。

行星简介
行星通常指自身不发光，环绕着恒星的天体，其公转方向常与所绕恒星的自转方向相同。一般来说，行星要具有一定的质量，形状近似于圆球状，自身不能像恒星那样发生核聚变反应。太阳系内肉眼可见的5颗行星水星、金星、火星、木星和土星早在史前就已经被人类发现了。16世纪后日心说取代了地心说，人类了解到地球本身也是一颗行星。望远镜被发明和万有引力被发现后，人类又发现了天王星、海王星、冥王星、还有为数不少的小行星。20世纪末人类在太阳系外的恒星系统中也发现了行星，截至2016年5月8日，人类已发现2125颗太阳系外的行星。

图3-2 恒星简介页面效果图

【例3-1】

制作行星简介页面，HTML代码如下。

```
<body>
  <h1> 行星简介 </h1>
  <img src="img/star.jpg" alt=" 行星 ">
  <p> 行星通常指自身不发光，环绕着恒星的天体，其公转方向常与所绕恒星的自转方向相同。一
般来说，行星要具有一定的质量，形状近似于圆球状，自身不能像恒星那样发生核聚变反应。太阳系
内肉眼可见的 5 颗行星水星、金星、火星、木星和土星早在史前就已经被人类发现了。16 世纪后日
心说取代了地心说，人类了解到地球本身也是一颗行星。望远镜被发明和万有引力被发现后，人类又
发现了天王星、海王星、冥王星、还有为数不少的小行星。20 世纪末人类在太阳系外的恒星系统中
也发现了行星，截至 2016 年 5 月 8 日，人类已发现 2125 颗太阳系外的行星。
  </p>
</body>
```

CSS代码如下。

```
body{
   font-family:' 华文楷体 ';
   text-align:center;
}
h1{
   color:grey;
}
img{
   width:300px;
}
p{
   font-size:18px;
   padding:20px 200px;
}
```

3.1.1 外部样式表——使用 <link> 标签引入 CSS 样式表

当样式需要应用于很多页面时，外部样式表将是理想的选择。这里的外部样式表指的是CSS文件，CSS文件的后缀名为.css，HTML文件通过<link>标签链接到样式表。

1. 创建外部样式表

CSS文件一般放在CSS文件夹里。在项目上单击右键，选择【新建】→【目录】，新建名为CSS的文件夹。

在CSS文件夹上单击右键，选择【新建】→【CSS文件】，新建外部样式表index.css。外部样式表中不能包含任何标记语言（HTML语言），只能有CSS规则和CSS注释，并且以.css扩展名进行保存。

将例3-1的CSS代码输入index.css文件中，CSS代码如下。

```
body{
   font-family:' 华文楷体 ';
   text-align:center;
```

```
}
h1{
   color:grey;
}
img{
   width:300px;
}
p{
   font-size:18px;
   padding:20px 200px;

}
```

2. 在HTML文件中，使用\<link\>标签引入CSS文件

在HTML文件中，使用\<link\>标签引入CSS文件时的语法如下。

```
<head>
<link rel="stylesheet" type="text/css" href="mystyle.css" />
</head>
```

\<link\>标签中常用的属性如表3-1所示。

表3-1 \<link\>标签中常用的属性

属性	值	描述
href	url	规定被链接文档的位置
rel	alternate	规定当前文档与被链接文档之间的关系
	author	
	help	
	icon	
	licence	
	next	
	pingback	
	prefetch	
	prev	
	search	
	sidebar	
	stylesheet	
	tag	
type	MIME_type	规定被链接文档的 MIME 类型

例3-1行星简介的HTML代码如下，使用\<link\>标签引入CSS文件。

```
<!DOCTYPE html>
<html>
<head>
   <meta charset="UTF-8">
   <title>Document</title>
   <link rel="stylesheet" href="css/index.css" type="text/css">
```

```
</head>
<body>
    <h1> 行星简介 </h1>
    <img src="img/star.jpg" alt=" 行星 ">
    <p>
         行星通常指自身不发光，环绕着恒星的天体，其公转方向常与所绕恒星的自转方向相同。一般
来说，行星要具有一定的质量，形状近似于圆球状，自身不能像恒星那样发生核聚变反应。太阳系内
肉眼可见的 5 颗行星水星、金星、火星、木星和土星早在史前就已经被人类发现了。16 世纪后日心
说取代了地心说，人类了解到地球本身也是一颗行星。望远镜被发明和万有引力被发现后，人类又发
现了天王星、海王星、冥王星、还有为数不少的小行星。20 世纪末人类在太阳系外的恒星系统中也
发现了行星，截至 2016 年 5 月 8 日，人类已发现 2125 颗太阳系外的行星。
    </p>
</body>
</html>
```

使用外部样式表时，网页文件分为HTML文件与CSS文件两个文件，遵循了W3C规定的"网页的结构、表现和行为分离"准则。如果需要修改页面的样式，只需要修改CSS文件即可。

当多个页面共用一个相同的样式表时，能够大大提高网页的性能。因为浏览器会在访问首个页面时下载CSS文件，随后访问其他页面时则只需要下载页面本身，CSS文件直接从缓存中获得，从而大大提高了页面加载的速度。

3.1.2 内部样式表

给单个HTML文件添加样式的时候，可以使用内部样式表，方法是在HTML页面的head元素中嵌入style元素，将CSS样式都写在style样式中。代码如下。

```
<head>
    <meta charset="UTF-8">
    <title>Document</title>
    <style>
        body{
            font-family:' 华文楷体 ';
            text-align:center;
        }
        h1{
            color:grey;
        }
        img{
            width:300px;
            text-align:center;
        }
        p{
            font-size:18px;
        }

    <style>
</head>
```

3.1.3 内联样式

内联样式不利于网页的维护与重构，还会降低代码的可读性，通常不推荐读者使用这种方式。同一CSS样式，内联样式的优先级高于另外两种引用方式。例如，在外联样式表中给p元素设置字体颜色为蓝色，同时在内联样式中给p元素设置字体为红色，那么元素P的最终样式将为红色。

使用内联样式时，可以使用元素的style属性直接在标签内添加样式。style属性可以包含任何CSS属性，style属性中有多个CSS属性的时候，要用分号隔开。代码如下。

```
<!DOCTYPE html>
<html>
    <head>
        <meta charset="UTF-8">
        <title>Document</title>
    </head>
    <body style="font-family:' 华文楷体 ';text-align:center;">
        <h1 style="color:grey;"> 行星简介 </h1>
        <img src="img/star.jpg" alt=" 行星 " style="width:300px;">
        <p style="font-size:18px;padding:20px 200px"> 行星通常指自身不发光，环绕着
恒星的天体，其公转方向常与所绕恒星的自转方向相同。一般来说，行星要具有一定的质量，形状近
似于圆球状，自身不能像恒星那样发生核聚变反应。太阳系内肉眼可见的 5 颗行星水星、金星、火星、
木星和土星早在史前就已经被人类发现了。16 世纪后日心说取代了地心说，人类了解到地球本身也
是一颗行星。望远镜被发明和万有引力被发现后，人类又发现了天王星、海王星、冥王星、还有为数
不少的小行星。20 世纪末人类在太阳系外的恒星系统中也发现了行星，截至 2016 年 5 月 8 日，人
类已发现 2125 颗太阳系外的行星。
        </p>
    </body>
</html>
```

3.2 CSS语法

本节讲解CSS语法，包括CSS语句的结构与规则、CSS选择器的种类、CSS继承3个部分。

3.2.1 CSS 结构与规则

1. CSS 结构

CSS规则也叫CSS声明，一条声明由两个主要部分构成：选择器和声明块。其中，声明块由一条或多条声明组成，每条声明由CSS属性和值组成，如图3-3所示。

图3-3 CSS结构示意图

选择器通常是需要改变样式的HTML元素。属性是希望设置的样式属性。每个属性有一个值，属性和值被冒号分开。声明块由一条或多条声明组成，每条声明由一个属性和一个值组成。CSS代码结构如下。

```
h1{
    color: #409EFF;
    text-align: center;
    font-size: 30px;
}
```

2. 声明的规则

当声明块中不止有一条声明时，一定要在每条声明后面加上分号，代码如下。

```
h1{
    color: #409EFF;
    text-align: center;
    font-size: 30px;
}
```

当第一条声明没有以分号结尾的时候，浏览器会把下面代码中黄色部分的内容解读为color的属性值，发生错误。此时，这条声明会被浏览器忽略。

```
h1{
    color: #409EFFtext-align: centerfont-size: 30px
}
```

> **提示** 尽管从技术角度来讲，规则的最后一条声明没有必要加分号。但是，给每条声明的结尾都加上分号确实是一个非常好的习惯。这样，向已有规则中再增加声明的时候，就不用担心自己会忘记给上一条声明添加分号了。

当属性值包含多个单词的时候，复合属性可以将多个属性简写为一条，所以复合属性的属性值往往拥有多个关键字，每个关键字之间要用空格隔开，代码如下。

```
font: bold italic 12px "宋体";
```

> **提示** font表示文字的样式，bold表示文字为粗体，italic表示文字为斜体，12px规定文字的大小，"宋体"表示文字的字体为宋体。

3.CSS代码注释

只要在CSS代码的首尾加上/*和*/，就可以把符号之间的CSS代码注释掉，浏览器会忽略注释掉的代码。CSS注释的代码如下。

```
/*body{
    font-family:' 华文楷体 ';
}
```

```
h1{
    font-family: "微软雅黑";
    color:black;
}*/
```

3.2.2 选择器的种类

1. 元素选择器

之前章节中出现的都是元素选择器，属于最常见、最基础的CSS选择器。

【例3-2】

选择页面中的所有h1元素，代码如下。

```
h1{
    color:red;
}
```

2. 群组选择器

给多个选择器添加同样的CSS样式效果，选择器之间要用逗号隔开，目的是优化代码，减少重复。

【例3-3】

选择页面中出现的所有<h1>、<h2>、<h3>、<h4>、<h5>、<h6>，代码如下。

```
h1,h2,h3,h4,h5,h6{
    color:red;
}
```

3. 类选择器

在为多个元素设置同一样式的时候，最常用的选择方式就是类选择器。使用类选择器之前，需要先标记对应的元素，也就是给这个元素设定一个class属性。HTML代码如下。

```
<h1 class="red">标题要设为红色</h1>
<p class="center">这段文字要居中</p>
```

在CSS代码中，引用class属性值，需要在属性值前面加一个"."，用于标识它是一个类选择器。CSS代码如下。

```
.red{
    color:red
}
.center{
    text-align:center
}
```

类名的第一个字符不能使用数字，因其无法在某些浏览器中起作用。

相同的类名可以被添加到不同的元素上，并且不限次数。通过类选择器，可以给多个不同元素添加相同的样式。

【例3-4】

用类选择器将页面上的所有标题都设置为红色，HTML代码如下。

```
<h1 class="red">This is a h1</h1>
<h2 class="red">This is a h2</h2>
<h3 class="red">This is a h3</h3>
<h4 class="red">This is a h4</h4>
<h5 class="red">This is a h5</h5>
<h6 class="red">This is a h6</h6>
```

CSS代码如下。

```
.red{
   color:red;
}
```

4. id选择器

id选择器和类选择器用法相似，都需要先标记元素，给元素设定id值，HTML代码如下。

```
<p id="start"> 开始学习吧 </p>
```

使用id选择器的时候，直接引用元素的id属性中的值，并且前面用"#"标识这是一个id选择器，CSS代码如下。

```
#start{
   color: blue;
}
```

提示　id名的第一个字符不能使用数字。

id选择器与类选择器的不同点在于，在同一个页面中，id名是独一无二的，不可以给两个元素赋予一样的id名，而类名表示的是有某种共同样式的元素，是可重复的，多个元素可以有相同的类名。

5. 组合选择器

（1）后代选择器

后代选择器可以给已有选择器标签之中的子代标签和后代标签添加样式效果，使用方式是：选择器+（空格）+添加样式的对象。后代选择器可以实现多级嵌套。

【例3-5】

选择div元素中的所有a元素，HTML代码如下。

```
<div>
    <a href=""> 百度 </a>
    <a href=""> 腾讯 </a>
    <p href="">
        <a href=""> 优酷 </a>
    </p>
    <p href="">
        <a href=""> 爱奇艺 </a>
    </p>
</div>
```

CSS代码如下。

```
div a{
    color:red;
}
```

代码运行结果如图3-4所示。

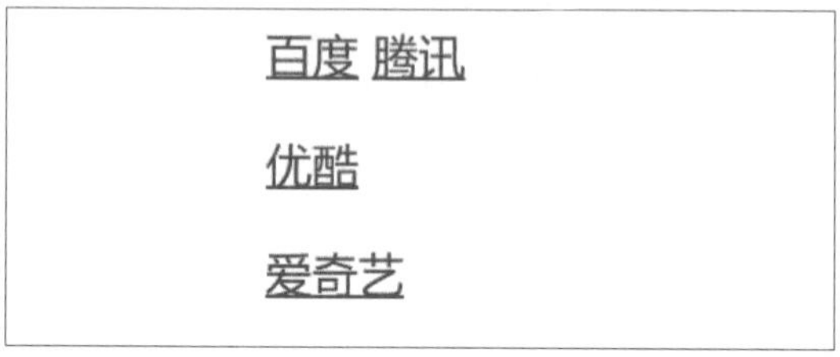

百度 腾讯

优酷

爱奇艺

图3-4 代码运行结果

（2）父子选择器

父子选择器可以给已有选择器标签之中的子代标签添加样式效果，使用方式是：选择器>添加样式对象。父子选择器可以实现多级嵌套。

【例3-6】

选择所有父级元素是div元素的a元素，HTML 代码如下。

```
<div>
    <a href=""> 百度 </a>
    <a href=""> 腾讯 </a>
    <p href="">
        <a href=""> 优酷 </a>
    </p>
    <p href="">
        <a href=""> 爱奇艺 </a>
    </p>
</div>
```

CSS代码如下。

```
div>a{
    color:red;
}
```

代码运行结果如图3-5所示。

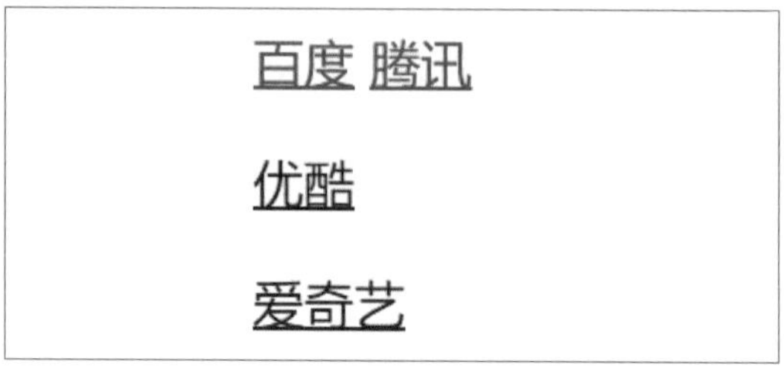

百度 腾讯

优酷

爱奇艺

图3-5 代码运行结果

6. 伪类选择器

伪类选择器可以视为其他选择器的一种延伸，可以给选择器增加特殊的效果。伪类选择器有很多种，:nth-of-type(n)是常用的一种，它用于选择器匹配同类型元素中的第n个同级兄弟元素。同级兄弟元素指的是同一个父级下的兄弟元素。

【例3-7】

将页面上第一个p元素设为蓝色，第二个p元素设为红色，HTML代码如下。

```
<p> 第一段内容 </p>
<p> 第二段内容 </p>
<p> 第三段内容 </p>
<p> 第四段内容 </p>
<p> 第五段内容 </p>
<p> 第六段内容 </p>
<p> 第七段内容 </p>
```

CSS代码如下。

```
p:nth-of-type(1){
   color:blue;
}

p:nth-of-type(2){
   color:red;
}
```

代码运行结果如图3-6所示。

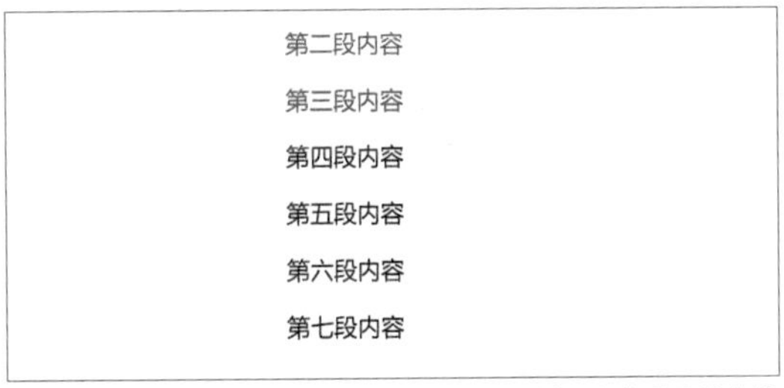

第二段内容
第三段内容
第四段内容
第五段内容
第六段内容
第七段内容

图3-6 代码运行结果

在此案例中，首先使用p选择7个p元素；然后使用伪类选择器分别选择第一个和第二个p元素；最后改变这两个p元素的字体颜色。

3.2.3 继承

像子女可以继承父亲或祖先的遗产一样，在CSS中，后代元素可以继承祖先元素的样式。

1. 什么是继承

CSS 继承是指设置父级的CSS样式之后，父级及以下的子级都具有此属性。

【例3-8】

在HTML页面中创建一个div元素，class名为box，div元素中包含6个p元素，设置p元素的字体为微软雅黑，CSS代码如下。

```
<style>
   p{
      color:deeppink ;
      font-family:" 微软雅黑 ";
   }
</style>
```

HTML 代码如下。

代码运行结果如图3-7所示。

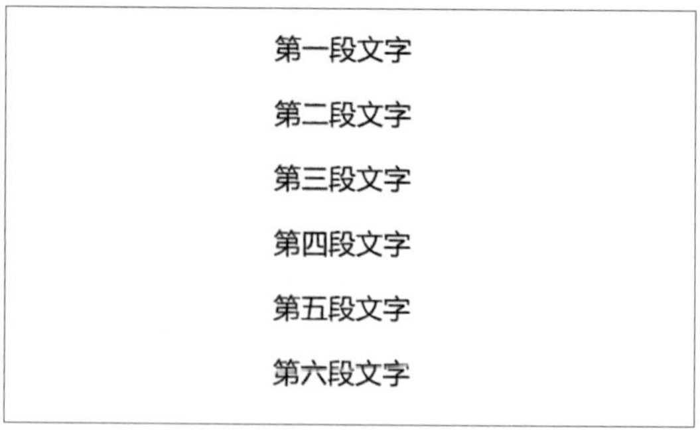

```
<body>
   <div class="box">
      <p> 第一段文字 </p>
      <p> 第二段文字 </p>
      <p> 第三段文字 </p>
      <p> 第四段文字 </p>
      <p> 第五段文字 </p>
      <p> 第六段文字 </p>
   </div>
</body>
```

第一段文字

第二段文字

第三段文字

第四段文字

第五段文字

第六段文字

图3-7 浏览显示效果

给p元素的父级div元素添加CSS样式color:#41abe1。div元素内部的p元素继承了color属性，文字显示为蓝色，如图3-8所示。CSS代码如下。

```
.box{
   color:#41abe1;
}
p{
   font-family:" 微软雅黑 ";
}
```

第一段文字

第二段文字

第三段文字

第四段文字

第五段文字

第六段文字

图3-8 浏览器显示效果

2. 元素自身的样式优先于继承的样式

当元素从父级继承的属性与自身的属性发生冲突的时候，浏览器会优先显示元素自身的属性。

【例3-9】

在图3-8的基础上，给p元素添加CSS样式color:deeppink，文字颜色由蓝色变为粉色，如图3-9所示。CSS代码如下。

```
.box{
   color:#41abe1;
}
p{
   color:deeppink;
   font-family:" 微软雅黑 ";
}
```

第一段文字

第二段文字

第三段文字

第四段文字

第五段文字

第六段文字

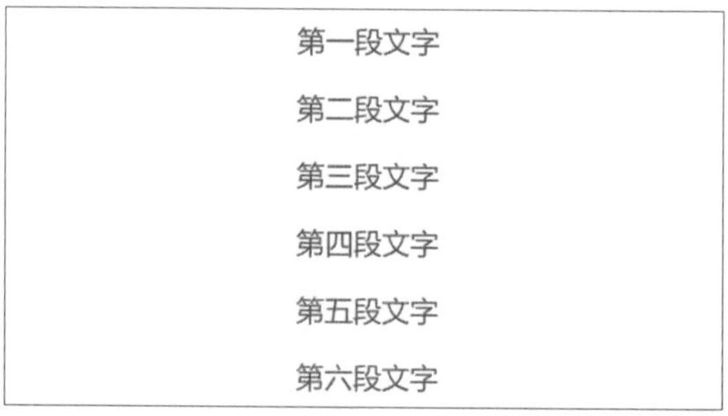

图3-9 浏览器显示效果

3. 不是所有的样式都可以继承

一般来说，影响文字外观的属性如字体颜色、样式、大小、字体等都可以被继承，其他属性如边框、<a>标签的颜色等是不可以被继承的。可以通过自己的理解加上实验来确定哪些属性可以继承。

3.3 CSS颜色

本节介绍CSS中表示颜色的4种常用方法。

1.用颜色的英文名称表示

CSS颜色规范中定义了147种颜色名。例如，Blue表示蓝色，代码如下。

```
Blue
```

2.用十六进制的颜色值表示

十六进制颜色是这样规定的：#RRGGBB，其中的RR（红色）、GG（绿色）、BB（蓝色）由十六进制整数规定了颜色的成分，所有值必须介于0与ff之间。例如，#ff0000显示为红色，这是因为红色成分被设置为最高值（ff），而其他成分被设置为0，代码如下。

```
#ff0000
```

在Photoshop中查看颜色#ff0000，如图3-10所示。

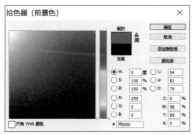

图3-10　在Photoshop中查看颜色#ff0000

3.用rgb(r, g, b)函数表示

RGB颜色值是这样规定的：rgb(red, green, blue)，每个参数定义颜色的强度，可以是介于0至255之间的整数，也可以是从0%到100%的百分比值。例如，rgb(0, 255, 0)显示为绿色，这是因为green参数被设置为最高值255，而其他参数被设置为0，代码如下。

```
rgb (0, 255, 0)
```

在Photoshop中查看颜色rgb(0, 255, 0)，如图3-11所示。

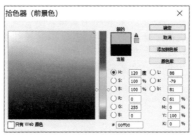

图3-11　在Photoshop中查看颜色rgb(0, 255, 0)

4. 用rgba(r, g, b, a)函数表示

当需要设置透明度的时候，使用rgba(r, g, b, a)函数来表示，不透明度a值的范围是0~1，其中0表示全透明，1表示不透明。代码如下。

```
rgba(64, 158, 255, 0.5)
```

提示 所有浏览器都支持前3种表达颜色的方法，低版本浏览器尚不支持rgba(r, g, b, a)，支持rgba(r, g, b, a)的浏览器有IE9+、Firefox 3+、Chrome、Safari和Opera 10+。

问答

问：有必要一看到#409EFF就马上知道这是什么颜色吗？

答：完全没有必要，知道#409EFF是什么颜色的最好方法是载入浏览器查看，或使用Photoshop等图片处理程序查看。

3.4 文本的常用样式

本节学习设置文本颜色、字体、字号、行高、首行缩进、背景颜色、背景图片等与文本相关的CSS样式。

3.4.1 文本的颜色和常用属性

文本对于网页制作至关重要，它不仅关乎页面的美观，还直接关系到浏览者能否高效地获取页面上的内容。

本小节以一段文字为例，介绍文本的样式，包括文本的颜色、文本对齐、段落缩进等内容。

【例3-10】

分别用<h1>标签和<p>标签表示标题和段落，HTML代码如下。

```
<body>
    <h1> 行星简介 </h1>
    <p> 行星通常指自身不发光，环绕着恒星的天体，其公转方向常与所绕恒星的自转方向相同。一
般来说，行星要具有一定的质量，形状近似于圆球状，自身不能像恒星那样发生核聚变反应。太阳系
内肉眼可见的 5 颗行星水星、金星、火星、木星和土星早在史前就已经被人类发现了。16 世纪后日
心说取代了地心说，人类了解到地球本身也是一颗行星。望远镜被发明和万有引力被发现后，人类又
发现了天王星、海王星、冥王星、还有为数不少的小行星。20 世纪末人类在太阳系外的恒星系统中
也发现了行星，截至 2016 年 5 月 8 日，人类已发现 2125 颗太阳系外的行星。
    </p>
</body>
```

1. 文本颜色——color

color属性可能的值如表3-2所示。

表3-2　color属性可能的值

值	描述
color_name	规定颜色值为颜色名称的颜色，比如 red
hex_number	规定颜色值为十六进制值的颜色，比如 #ff0000
rgb_number	规定颜色值为 rgb 代码的颜色，比如 rgb(255, 0, 0)
inherit	规定应该从父元素继承颜色

为了区分标题和正文，将标题的颜色设为蓝色，CSS代码如下。

```
h1{
color:#409EFF;
}
```

代码运行结果如图3-12所示。

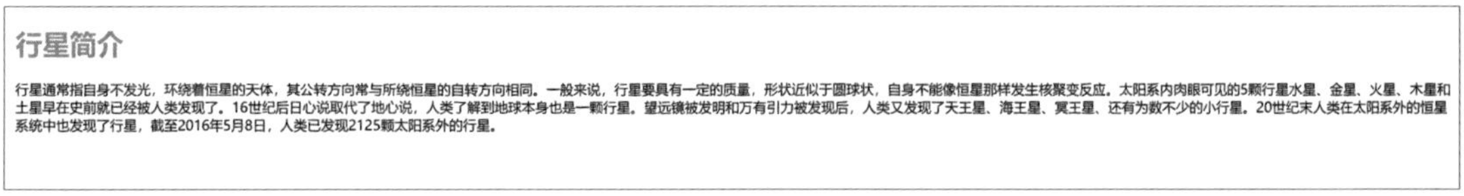

行星简介

行星通常指自身不发光，环绕着恒星的天体，其公转方向常与所绕恒星的自转方向相同。一般来说，行星要具有一定的质量，形状近似于圆球状，自身不能像恒星那样发生核聚变反应。太阳系内肉眼可见的5颗行星水星、金星、火星、木星和土星早在史前就已经被人类发现了。16世纪后日心说取代了地心说，人类了解到地球本身也是一颗行星。望远镜被发明和万有引力被发现后，人类又发现了天王星、海王星、冥王星、还有为数不少的小行星。20世纪末人类在太阳系外的恒星系统中也发现了行星，截至2016年5月8日，人类已发现2125颗太阳系外的行星。

图3-12　将标题的颜色设为蓝色

2. 文本的背景颜色

把案例中"行星"两个字放入<span>标签中，class名为planet，代码如下。

```
<body>
    <h1> 行星简介 </h1>
    <p>
        <span class="planet"> 行星 </span> 通常指自身不发光，环绕着恒星的天体，其公转
    方向常与所绕恒星的自转方向相同。一般来说，<span class="planet"> 行星 </span> 要具有
    一定的质量，形状近似于圆球状，自身不能像恒星那样发生核聚变反应。太阳系内肉眼可见的 5 颗
    <span class="planet"> 行星 </span>。水星、金星、火星、木星和土星早在史前就已经被人类
    发现了。16 世纪后日心说取代了地心说，人类了解到地球本身也是一颗 <span class="planet">
    行星 </span>。望远镜被发明和万有引力被发现后，人类又发现了天王星、海王星、冥王星、还有
    为数不少的小 <span class="planet"> 行星 </span>。20 世纪末人类在太阳系外的恒星系统中
    也发现了 <span class="planet"> 行星 </span>，截至 2016 年 5 月 8 日，人类已发现 2125
    颗太阳系外的 <span class="planet"> 行星 </span>。
    </p>
</body>
```

使用类选择器，将案例中所有"行星"的背景颜色设置为黄色，代码如下。

```
.planet{
  background-color:yellow;
}
```

运行结果如图3-13所示。

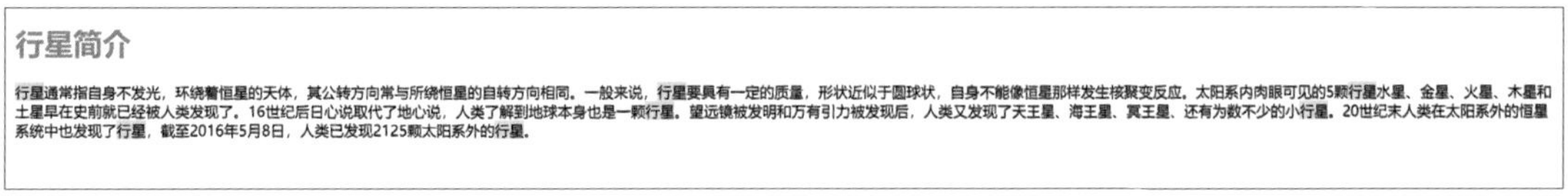

行星简介

行星通常指自身不发光，环绕着恒星的天体，其公转方向常与所绕恒星的自转方向相同。一般来说，行星要具有一定的质量，形状近似于圆球状，自身不能像恒星那样发生核聚变反应，太阳系内肉眼可见的5颗行星水星、金星、火星、木星和土星早在史前就已经被人类发现了。16世纪后日心说取代了地心说，人类了解到地球本身也是一颗行星。望远镜被发明和万有引力被发现后，人类又发现了天王星、海王星、冥王星、还有为数不少的小行星。20世纪末人类在太阳系外的恒星系统中也发现了行星，截至2016年5月8日，人类已发现2125颗太阳系外的行星。

图3-13　"行星"的背景颜色设置为黄色

3. 文本的水平对齐——text-align

把标题调节至居中显示，代码如下。

```
h1{
    color:#409EFF;
    text-align:center;
}
```

运行结果如图3-14所示。

行星简介

行星通常指自身不发光，环绕着恒星的天体，其公转方向常与所绕恒星的自转方向相同。一般来说，行星要具有一定的质量，形状近似于圆球状，自身不能像恒星那样发生核聚变反应。太阳系内肉眼可见的5颗行星为水星、金星、火星、木星和土星早在史前就已经被人类发现了。16世纪后日心说取代了地心说，人类了解到地球本身也是一颗行星。望远镜被发明和万有引力被发现后，人类又发现了天王星、海王星，还有为数不少的小行星。20世纪末人类在太阳系外的恒星系统中也发现了行星，截至2016年5月8日，人类已发现2125颗太阳系外的行星。

图3-14 标题居中显示

表3-3所示为text-align属性可能的值。

表3-3　text-align属性可能的值

值	描述
left	把文本排列到左边，默认值由浏览器决定
right	把文本排列到右边
center	把文本排列到中间
justify	根据 text-justify 属性对齐文本

text-align属性可能的值包括left、right、center和justify，以下面的代码为例，运行结果如图3-15所示。

```
.left{
    text-align:left;
    background-color:#eceda9;
}
.right{
    text-align:right;
    background-color:#ffc56e;
}
.center{
    text-align:center;
    background-color:#c4ad8e;
}
```

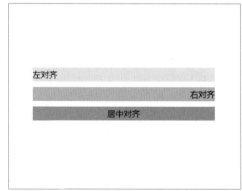

图3-15 代码运行结果

3.4.2 字体

1. 文本的字体——font-family

将标题和段落的字体都改为华文楷体，代码如下。

```
h1{
    font-family:"华文楷体";
    color:#409EFF;
    text-align:center;
}
p{
    font-family:"华文楷体";
}
```

运行结果如图3-16所示。

行星简介

行星通常指自身不发光，环绕着恒星的天体，其公转方向常与所绕恒星的自转方向相同。一般来说，行星要具有一定的质量，形状近似于圆球状，自身不能像恒星那样发生核聚变反应。太阳系内肉眼可见的5颗行星水星、金星、火星、木星和土星早在史前就已经被人类发现了。16世纪后日心说取代了地心说，人类了解到地球本身也是一颗行星。望远镜被发明和万有引力被发现后，人类又发现了天王星、海王星、冥王星、还有为数不少的小行星。20世纪末人类在太阳系外的恒星系统中也发现了行星。截至2016年5月8日，人类已发现2125颗太阳系外的行星。

图3-16 字体改为华文楷体

如果字体未出现变化，请检查计算机字体库中是否有字体"华文楷体"。

文本的字体是可继承的属性，给body设置font-family属性，则整个页面都会继承这个属性，代码如下。

```
body{
    font-family:"思源黑体 CN Regular";
}
h1{
    color:#409EFF;
    text-align:center;
}
```

运行结果如图3-17所示。

行星简介

行星通常指自身不发光，环绕着恒星的天体，其公转方向常与所绕恒星的自转方向相同。一般来说，行星要具有一定的质量，形状近似于圆球状，自身不能像恒星那样发生核聚变反应。太阳系内肉眼可见的5颗行星水星、金星、火星、木星和土星早在史前就已经被人类发现了。16世纪后日心说取代了地心说，人类了解到地球本身也是一颗行星。望远镜被发明和万有引力被发现后，人类又发现了天王星、海王星、冥王星、还有为数不少的小行星。20世纪末人类在太阳系外的恒星系统中也发现了行星。截至2016年5月8日，人类已发现2125颗太阳系外的行星。

图3-17 给body设置font-family属性

如果用户的计算机上没有安装"思源黑体 CN Regular"字体，就只能使用默认字体显示文本元素。第8章将讲解CSS3中的@font-face属性，通过这种属性，可将字体文件存放在 web 服务器上，并在需要时自动下载到用户的计算机上，使网页设计不再受字体的限制。

提示

怎样安装字体？

鼠标指针移入到桌面的【计算机】■上，单击右键弹出选项列表，单击选择【属性】一栏。在弹出的"系统"窗口中单击【控制面板主页】如图3-18所示，进入"所有控制面板"界面，单击【字体】如图3-19所示，进入"字体"界面。将想要安装的字体文件拖入图3-20所示的"字体"界面，系统将弹出图3-21所示的正在安装字体提示，字体安装成功后提示消失。

图3-18 控制面板主页

图3-19 单击【字体】，进入"字体"界面

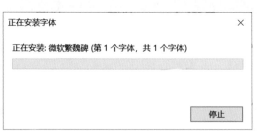

图3-20 将想要安装的字体拖入"字体"界面　　　　　　图3-21 正在安装字体

2. 文本的字体大小——font-size

不同的元素具有不同的初始样式，可以通过开发者模式查看元素的初始字体样式。

如图3-22所示，<h1>在未设置样式时，初始字体大小为"font-size: 2em"。

图3-22 通过开发者模式查看元素的初始字体样式

px表示像素，是计算机上表示图像长度的基础单位。当页面表示精确长度的时候，选择px作为单位比较合适。

em的大小是浏览器默认的字体大小，与body元素的字体大小有关。

所有现代浏览器的默认字体大小都是16px，在这种情况下，1em = 1×16px = 16px。body元素的font-size值发生变化时，em也随之变化，如body元素的font-size值为20px时，此时1em = 1×20px = 20px。

使用em可以得到一个弹性布局的页面，各元素之间的尺寸比例始终不变。

表3-4所示为font-size属性可能的值。

表3-4　font-size属性可能的值

值	描述
xx-small	
x-small	
small	
medium	设置从 xx-small 到 xx-large 不同的字体尺寸，默认值为 medium
large	
x-large	
xx-large	
smaller	把 font-size 设置为比父元素更小的尺寸
larger	把 font-size 设置为比父元素更大的尺寸
length	把 font-size 设置为一个固定的值
%	把 font-size 设置为基于父元素的一个百分比值
inherit	规定应该从父元素继承字体尺寸

例如，将标题的字体大小设置为30px，段落的字体大小设置为22px，浏览器显示效果如图3-23所示。代码如下。

```
h1{
    color:#409EFF;
    text-align:center;
    font-size:30px;
}
p{
    font-size:22px;
}
```

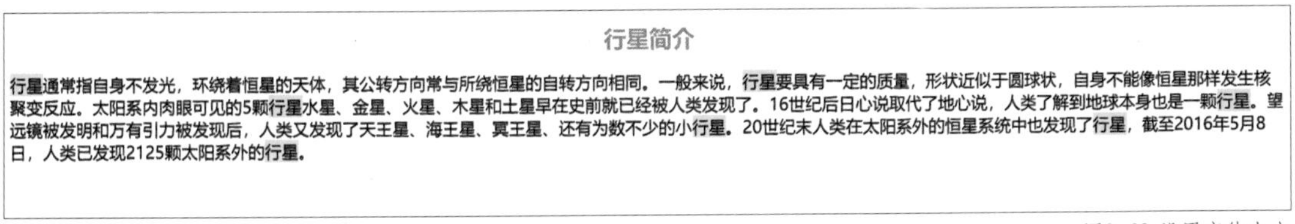

行星简介

行星通常指自身不发光，环绕着恒星的天体，其公转方向常与所绕恒星的自转方向相同。一般来说，行星要具有一定的质量，形状近似于圆球状，自身不能像恒星那样发生核聚变反应。太阳系内肉眼可见的5颗行星水星、金星、火星、木星和土星早在史前就已经被人类发现了。16世纪后日心说取代了地心说，人类了解到地球本身也是一颗行星。望远镜被发明和万有引力被发现后，人类又发现了天王星、海王星、冥王星、还有为数不少的小行星。20世纪末人类在太阳系外的恒星系统中也发现了行星，截至2016年5月8日，人类已发现2125颗太阳系外的行星。

图3-23 设置字体大小

3. 文本的行高——line-height

表3-5所示为line-height可能的值。

表3-5　line-height可能的值

值	描述
normal	默认值，设置合理的行间距
number	设置数字，此数字会与当前的字体尺寸相乘来设置行间距
length	设置固定的行间距
%	基于当前字体尺寸的百分比行间距
inherit	从父元素继承 line-height 属性的值

line-height:normal表示浏览器默认的行高样式，与元素字体关联，代码如下。

```
line-height:normal;
```

在Chrome浏览器中，微软雅黑的normal值为1.32（字体占据的高度/字体大小），宋体的normal值为1.14。

例如，p元素的字体大小为22px，用以下3种方式给p元素设置字体大小2倍的行高。

（1）用具体数值来表示行高。

1em表示该元素的字体大小，2em = 2×22px = 44px，运行结果如图3-24所示。代码如下。

```
line-height:2em
```
或
```
line-height:44px
```

（2）使用数字作为行高值。

数字表示行高与字体大小的倍数，如字体大小为22px，则行高为2×22px = 44px，运行结果如图3-24所示。代码如下。

```
line-height:2
```

（3）使用百分比作为行高值。

百分比是相对于元素的字体大小来说的，行高为200%×22px = 44px，运行结果如图3-24所示。代码如下。

```
line-height:200%
```

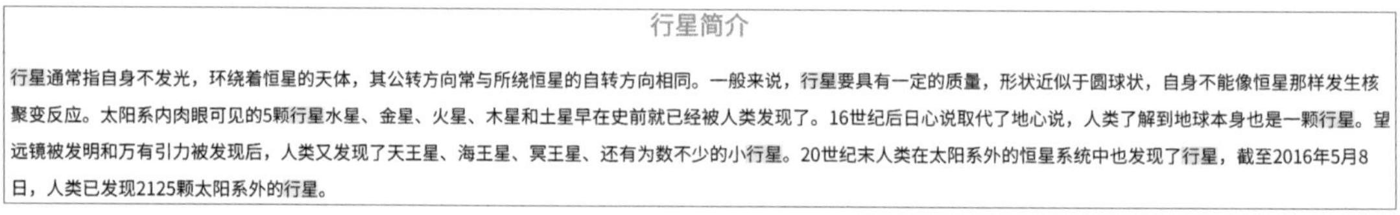

行星简介

行星通常指自身不发光，环绕着恒星的天体，其公转方向常与所绕恒星的自转方向相同。一般来说，行星要具有一定的质量，形状近似于圆球状，自身不能像恒星那样发生核聚变反应。太阳系内肉眼可见的5颗行星水星、金星、火星、木星和土星早在史前就已经被人类发现了。16世纪后日心说取代了地心说，人类了解到地球本身也是一颗行星。望远镜被发明和万有引力被发现后，人类又发现了天王星、海王星、冥王星、还有为数不少的小行星。20世纪末人类在太阳系外的恒星系统中也发现了行星，截至2016年5月8日，人类已发现2125颗太阳系外的行星。

图3-24 浏览器显示效果

4. 段落的首行缩进——text-indent

段落的首行缩进有两种方式：①以px或em为单位，使用数值进行首行缩进；②使用基于父元素宽度的百分比进行首行缩进。

将段落首行缩进两个字符，效果如图3-25所示。代码如下。

```
text-indent:2em
```

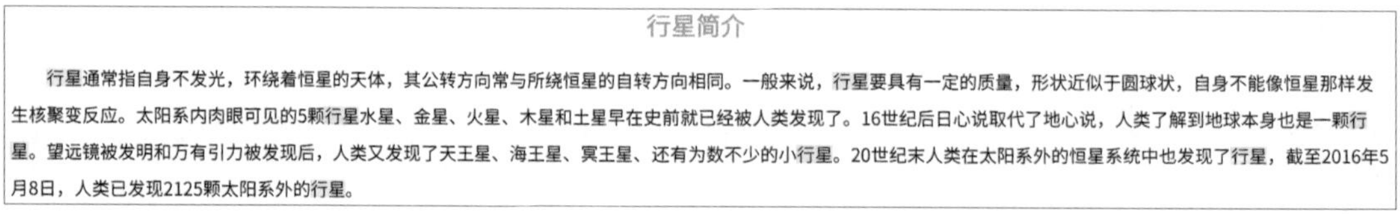

行星简介

　　行星通常指自身不发光，环绕着恒星的天体，其公转方向常与所绕恒星的自转方向相同。一般来说，行星要具有一定的质量，形状近似于圆球状，自身不能像恒星那样发生核聚变反应。太阳系内肉眼可见的5颗行星水星、金星、火星、木星和土星早在史前就已经被人类发现了。16世纪后日心说取代了地心说，人类了解到地球本身也是一颗行星。望远镜被发明和万有引力被发现后，人类又发现了天王星、海王星、冥王星、还有为数不少的小行星。20世纪末人类在太阳系外的恒星系统中也发现了行星，截至2016年5月8日，人类已发现2125颗太阳系外的行星。

图3-25 将段落首行缩进两个字符

3.4.3 背景

背景样式的相关属性如下。

（1）背景颜色，background-color:"颜色值"。

（2）背景图片，background-image:url（"图片地址"）。

（3）图片重复，background-repeat:"值"

表3-6所示为图片重复的值。

表3-6 图片重复的值

值	说明
repeat	默认值，图片向水平和垂直方向重复
repeat-x	只有水平位置会重复背景图片
repeat-y	只有垂直位置会重复背景图片
no-repeat	背景图片不会重复
inherit	从父元素继承 background-repeat 属性

（4）图片大小，background-size:"值"。

表3-7所示为图片大小的值

表3-7 图片大小的值

值	描述
数值	设置背景图片高度和宽度。第一个值设置宽度，第二个值设置高度。 如果只给出一个值，第二个值设置为 auto（自动）
百分比	将计算相对于背景定位区域的百分比。第一个值设置宽度，第二个值设置高度。 如果只给出一个值，第二个值设置为 auto（自动）
cover	保持图片比例并将图片缩放成完全覆盖背景定位区域的最小尺寸
contain	保持图片比例并将图片缩放成将适合背景定位区域的最大尺寸

（5）图片位置，background-position:"值"。

表3-8所示为图片位置的值

表3-8 图片位置的值

值	描述
left top	
left center	
left bottom	
right top	
right center	如果仅指定一个关键字，其他值将会是 center
right bottom	
center top	
center center	
center bottom	
x% y%	第一个值是水平位置，第二个值是垂直位置。左上角是 0% 0%。右下角是 100% 100%。如果仅指定了一个值，其他值将是 50%。默认值为 0% 0%
xpos ypos	第一个值是水平位置，第二个值是垂直位置。左上角是 0。单位可以是像素（0px0px）或其他任何 CSS 单位。如果仅指定了一个值，其他值将是 50%。可以混合使用 % 和 positions
inherit	从父元素继承 background-position 属性

【例3-11】

新建HTML文档，使用上述知识点给页面设置背景图片，步骤如下。

（1）设置如图3-26所示的页面，使页面尺寸完全等于网页尺寸，页面的背景颜色为粉色，代码如下。

```
<!DOCTYPE html>
<html>
    <head>
        <meta charset="UTF-8">
        <title>背景</title>
        <style>
            html{
                width:100%;
                height:100%;
            }
            body{
                width:100%;
                height:100%;
                margin:0;
                background-color:pink;
            }
        </style>
    </head>
    <body>
    </body>
</html>
```

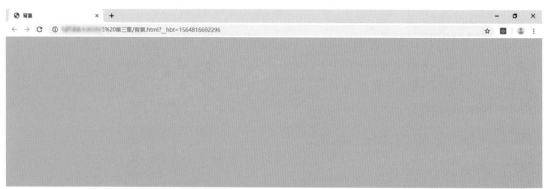

图3-26 背景颜色显示效果

（2）给页面设置背景图片"star.jpg"，运行结果如图3-27所示。CSS代码如下。

```
html{
    width:100%;
    height:100%;
}
body{
    width:100%;
    height:100%;
    margin:0;
    background-color:pink;
    background-image:url(img/star.jpg);
}
```

图3-27 背景图片显示效果

（3）此时背景图片尺寸过大，将背景图片尺寸调小，宽度设为300px，高度由浏览器自动计算，运行结果如图3-28所示。代码如下。

```
html{
    width:100%;
    height:100%;
}
body{
    width:100%;
    height:100%;
    margin:0;
    background-color:pink;
    background-image:url(img/star.jpg);
    background-size:300px;
}
```

图3-28 背景图片显示效果

（4）设置background-repeat时，禁止背景图片重复显示，运行结果如图3-29所示。CSS代码如下。

```
html{
    width:100%;
    height:100%;
}
body{
    width:100%;
    height:100%;
    margin:0;
    background-color:pink;
    background-image:url(img/star.jpg);
    background-size:300px;
    background-repeat:no-repeat;
}
```

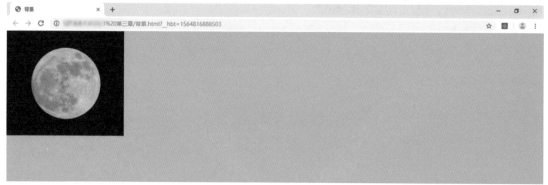

图3-29 禁止背景图片重复显示

（5）将背景图片尺寸设置为撑满整个浏览器的屏幕，如图3-30所示。

使用background-size：cover时，图片会保持宽高比例并缩放为尽可能小的尺寸撑满全屏。在图片比例与屏幕比例不同时，图片尺寸会大于屏幕尺寸。CSS代码如下。

```
background-size:cover;
```

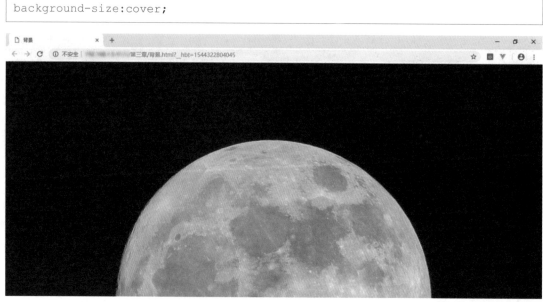

图3-30 背景图片显示效果

（6）在图片尺寸不超过屏幕大小的前提下，设置背景图片最大，如图3-31所示。

使用background-size：contain时，图片会保持宽高比例并将图片缩放成适合背景定位区域的最大尺寸，CSS代码如下。

```
background-size:contain;
```

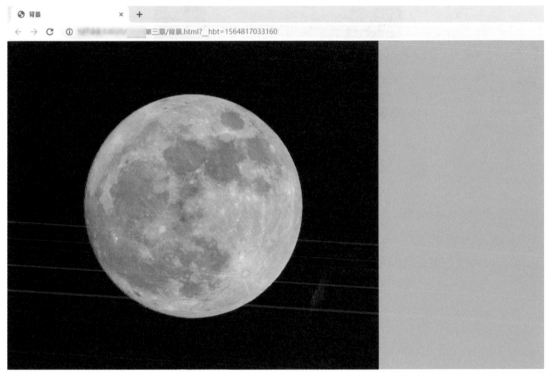

图3-31　背景图片显示效果

（7）当背景图片比例与屏幕比例不一致时，常常需要将背景图片置于屏幕正中间。此时需要使用background-position属性，运行结果如图3-32所示。CSS代码如下。

```
html{
   width:100%;
   height:100%;
}
body{
   width:100%;
   height:100%;
   margin:0;
   background-color:pink;
   background-image:url(img/star.jpg);
   background-size:300px;
   background-repeat:no-repeat;
   background-size:contain;
   background-position:center center;
}
```

图3-32 背景图片显示效果

（8）可以缩写以下背景相关的属性。

background:background-color background-image background-position/background-size background-repeat background-origin background-clip background-attachment initial|inherit;

其中background-position和background-size的属性值有重叠，所以缩写中只能写一个。

例3-11中的CSS代码缩写如下。

```
html{
    width:100%;
    height:100%;
}
body{
    width:100%;
    height:100%;
    margin:0;
    background:pink url(img/star.jpg) no-repeat center;
    background-size:contain;
}
```

运行结果如图3-33所示。

图3-33 背景图片显示效果

3.4.4 CSS 链接

伪类选择器表示的4种链接默认状态如表3-9所示。

表3-9　伪类选择器表示的4种链接默认状态

状态	描述
a:link	默认状态，未访问过的链接
a:visited	用户已访问过的链接
a:hover	当用户鼠标指针放在链接上时
a:active	链接被单击的那一刻

超链接默认会有下画线，如果想去掉下画线的话，需要将text-decoration属性值设为none。表3-10所示为text-decoration属性可能的值。

表3-10　text-decoration属性可能的值

值	描述
none	默认值，没有装饰线
underline	定义文本下的一条线
overline	定义文本上的一条线
line-through	定义穿过文本下的一条线
blink	定义闪烁的文本
inherit	从父元素继承 text-decoration 属性的值

【例3-12】

在超链接的不同状态下展示不同的样式，HTML 代码如下。

```
<a href="http://baidu.com" target="_blank">跳转到百度页面 </a>
```

CSS代码如下。

```
a:link{
    color:green;
    text-decoration:none;
}
a:visited{
    color:red;
}
a:hover{
    color:#f5dd0a;
    background-color: grey;
}
a:active{
    color:lightpink;
    background-color: grey;

}
```

> **提示**　当为同一个链接设置不同状态的时候，请遵守以下次序，否则样式可能会失效。
> :hover 状态必须位于:link 和:visited 状态之后。:active 状态必须位于:hover 状态之后。

不同状态下的超链接在浏览器中的效果如图3-34所示。

跳转到百度页面	跳转到百度页面	跳转到百度页面	**跳转到百度页面**
（a） 未单击状态下	（b）鼠标指针移动到链接上面	（c） 单击链接时	（d） 单击过的链接

图3-34 超链接在浏览器中的效果

提示 :link、:active和:visited只能用于描述超链接的状态。:hover不仅用于描述超链接的状态，也可以用于其他元素，:hover伪类在鼠标指针移动到元素上时向该元素添加特殊的样式。

【例3-13】

使用:nth-of-type()与:hover，当鼠标指针移入到列表项时，分别显示红、黄、蓝3种颜色。

提示 使用list-style:none去除列表的标记。

创建如图3-35所示的列表，HTML代码如下。

```
<ul>
  <li> 鼠标指针移入时，我是红色 </li>
  <li> 鼠标指针移入时，我是黄色 </li>
  <li> 鼠标指针移入时，我是蓝色 </li>
</ul>
```

CSS代码如下。

```
ul{
   list-style: none;
}
```

鼠标指针移入时，我是红色
鼠标指针移入时，我是黄色
鼠标指针移入时，我是蓝色

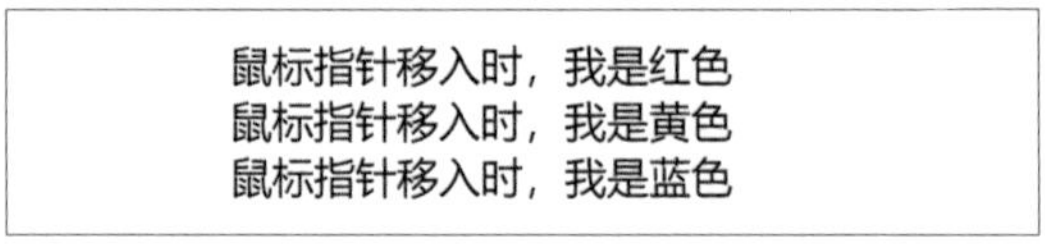

图3-35 列表

当鼠标移入列表第一项时，使其变成红色。用伪类选择器:nth-of-type(1)选择列表的第一项，:hover表示鼠标指针移入的效果，CSS代码如下。

```
li:nth-of-type(1):hover{
   color:#d83143;
}
```

同理，分别设置鼠标指针移入第二项和第三项时的颜色，CSS代码如下。

```
li:nth-of-type(2):hover{
   color:#d8a000;
}
li:nth-of-type(3):hover{
   color:#0245ae;
}
```

鼠标指针移入列表时的效果如图3-36所示。

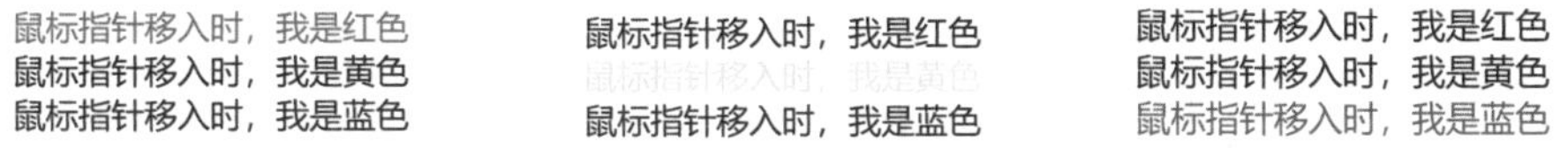

鼠标指针移入时，我是红色
鼠标指针移入时，我是黄色
鼠标指针移入时，我是蓝色

（a）鼠标指针移入列表第一项

鼠标指针移入时，我是红色
鼠标指针移入时，我是黄色
鼠标指针移入时，我是蓝色

（b）鼠标指针移入列表第二项

鼠标指针移入时，我是红色
鼠标指针移入时，我是黄色
鼠标指针移入时，我是蓝色

（c）鼠标指针移入列表第三项

图3-36 鼠标指针移入列表时的效果

思考与练习

一、填空题

1. 为div设置类a与b，应编写HTML代码（   ）。

2. 文字居中的CSS代码是（   ）。

二、单选题

如何在CSS文件中插入注释？（   ）

A. //this is a comment   B. //this is a comment//

C. /*this is a comment*/   D. ' this is a comment

三、多选题

下列哪项是浏览器支持的锚伪类？（   ）

A. a:link   B. a:disabled   C. a:hover   D. a:active

四、判断题

CSS属性font-family用于设置字体的粗细。（   ）

五、简答题

1. 行内元素有哪些？块级元素有哪些？

2. 哪些方式可以对一个HTML元素设置CSS样式？

实践题

请完成本章开头的"本章任务"，如图3-37所示。

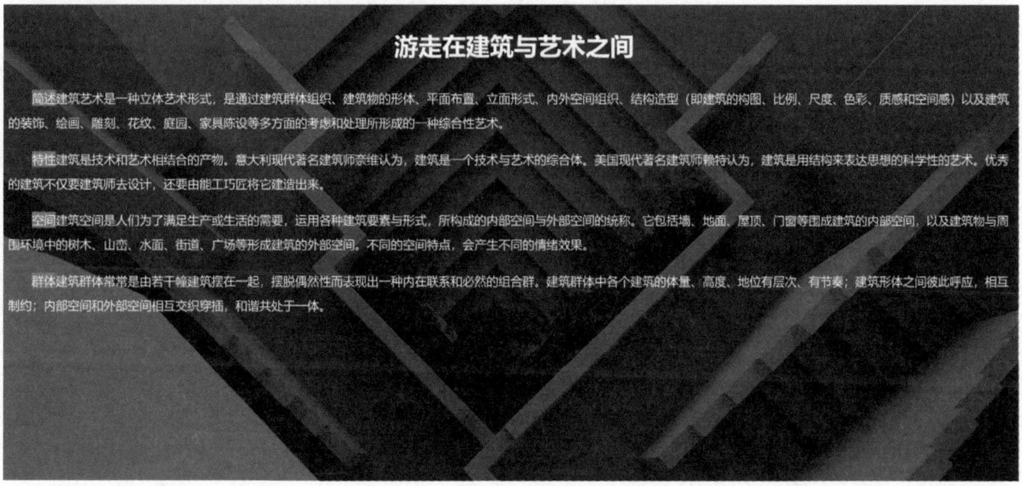

游走在建筑与艺术之间

简述建筑艺术是一种立体艺术形式，是通过建筑群体组织、建筑物的形体、平面布置、立面形式、内外空间组织、结构造型（即建筑的构图、比例、尺度、色彩、质感和空间感）以及建筑的装饰、绘画、雕刻、花纹、庭园、家具陈设等多方面的考虑和处理所形成的一种综合性艺术。

特性建筑是技术和艺术相结合的产物。意大利现代著名建筑师奈维认为，建筑是一个技术与艺术的综合体。美国现代著名建筑师赖特认为，建筑是用结构来表达思想的科学性的艺术。优秀的建筑不仅要建筑师来设计，还要由施工巧匠将它建造出来。

空间建筑空间是人们为了满足生产或生活的需要，运用各种建筑要素与形式，所构成的内部空间与外部空间的统称。它包括墙、地面、屋顶、门窗等围成建筑的内部空间，以及建筑物与周围环境中的树木、山岳、水面、街道、广场等形成建筑的外部空间。不同的空间特点，会产生不同的情绪效果。

群体建筑群体常常是由若干幢建筑摆在一起，摆脱偶然性而表现出一种内在联系和必然的组合群。建筑群体中各个建筑的体量、高度、地位有层次、有节奏，建筑形体之间彼此呼应，相互制约；内部空间和外部空间相互交织穿插，和谐共处于一体。

图3-37 游走在建筑与艺术之间页面效果图

第4章 盒模型布局——DIV+CSS3页面布局

为了呈现不同的视觉效果，网页的布局往往千变万化、各不相同。网页布局的基础就是盒模型。盒模型是样式表中非常重要的概念，如果说网页是一座城堡，那么盒模型就是堆起城堡的一块块积木。想要写出漂亮的页面，必须学好盒模型。

在网页布局的过程中，要遵循从大到小、从结构到细节的顺序，先搭好框架，再往里面填充内容和细节。框架造得稳，网页这座城堡才能足够坚固。

本章任务

使用正确的盒模型布局，制作出如图 4-1 所示的页面。

要求：

（1）正确使用块元素和内联元素；

（2）鼠标指针移入左上角的导航栏时，导航栏显示黄线，如图 4-2 所示；

（3）需要特别注意的是，如果为了显示黄线，在鼠标指针移入时加 border-top，上边框的宽度会让导航栏下移，下移的距离就是黄线的宽度。请不要出现黄线下移的情况。

图4-1 页面效果图

图4-2 页面效果图

4.1 盒模型的基础知识

本节简单介绍盒模型的组成以及怎样在浏览器的开发者模式中查看元素的盒模型。

4.1.1 盒模型的组成

盒模型，顾名思义，类似装东西的盒子。盒模型描述了盒子内部的空间关系，以及盒子与盒子之间的位置关系。所有元素都可以看作是一个盒子，占据一定的页面空间，且占据的空间远大于实际使用的空间，它有外边距（margin）、边框（border）、内边距（padding）、内容（content）4个属性。调节这4个属性，可以改变元素在页面中的位置。

下面以快递盒子为参照物，帮助读者理解盒模型的每一部分，它的纸质外壳就是它的边框（border），如图4-3所示。盒子距离四周其他物品的距离，就是它的外边距（margin），如图4-4所示。

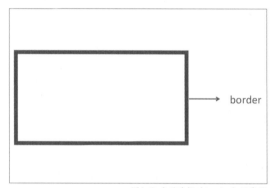

图4-3 盒子边框（border）示意图

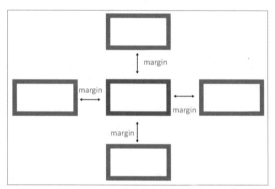

图4-4 盒子外边距（margin）示意图

现在，这个盒子要被拿来装笔记本电脑，为了安全起见，需要给盒子中垫一些泡沫来保护笔记本电脑。泡沫造成盒子内部空间与边框的距离就是盒子的内边距（padding），如图4-5所示。此时，就可以放心在盒子中的内容（content）部分装笔记本电脑，如图4-6所示，content部分就是元素实际使用的空间，给元素设置的width属性和height属性实际上就是content部分的宽度和高度。

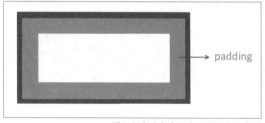

图4-5 盒子内边距（padding）示意图

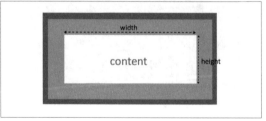

图4-6 盒子内容（content）示意图

4.1.2 查看元素的盒模型

使用Chrome浏览器，在页面上按【F12】键，打开开发者模式。选中元素，单击【Elements】一栏，就可以在右侧的【Styles】栏底部或【Computed】中查看选中元素的盒模型，如图4-7所示。

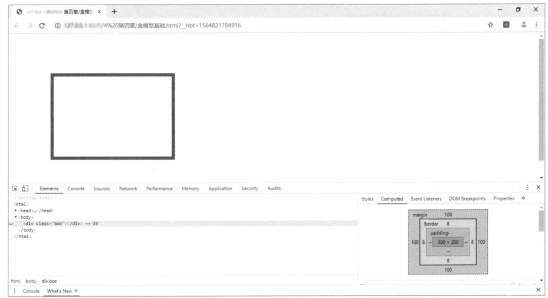

图4-7 开发者模式下查看元素的盒模型

4.2 边框

本节将详细讲解如何设置元素的边框（border）及边框的特性。经过本节的学习，读者将了解边框的形状，并运用边框的特性完成不同方向的三角形和圆形。

4.2.1 边框的组成

边框的样式border有3个属性值，分别表示宽度、样式、颜色。

这3个属性可以分开设置，CSS代码如下。

```
border-width:10px;
border-style:solid;
border-color:#8a660f;
```

border-style常用的属性值如表4-1所示，border-style不同属性值与效果如图4-8所示。

表4-1　border-style常用的属性值

值	描述
none	定义无边框
dotted	定义点状边框，在大多数浏览器中呈现为实线
dashed	定义虚线，在大多数浏览器中呈现为实线
solid	定义实线
double	定义双线，双线的宽度等于border-width的值

元素有4条边框，按照方向分为border-top、border-right、border-bottom、border-left，如图4-9所示。

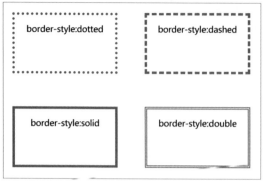

图4-8 border-style的值与效果

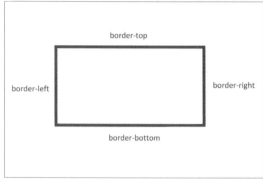

图4-9 4条边框

可以单独设置每一条边框的样式，浏览器显示效果如图4-10所示。CSS代码如下。

```
border-top:4px solid #8a660f;
border-right:4px dotted #8a660f;
border-bottom:4px dashed #8a660f;
border-left:4px double #8a660f;
```

图4-10 单独设置每一条边框的样式

也可以单独设置某一条边框的某一个属性，CSS属性如下。

```
border-top-width
border-top-style
border-top-color
```

4.2.2 使用边框的特性制作三角形

一般来讲，边框被认为是包裹元素的线条，当线条有宽度的时候，它就成为了一个平面。那么，单条边框是什么形状的呢？

【例4-1】

创建一个长度和宽度都为100px的正方形，设置10px的棕色实线边框，浏览器显示效果如图4-11所示，CSS代码如下。

```
.box{
    width:200px;
    height:200px;
    border:20px solid #c9aa8b;
}
```

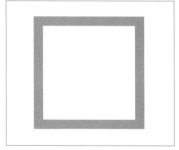

图4-11 创建一个正方形

为了清楚看到一条边框的形状，将上边框的颜色改为黄色，浏览器显示效果如图4-12所示。CSS代码如下。

```
border-top-color:#8a660f;
```

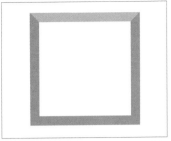

图4-12 将上边框的颜色改为黄色

从图4-12可以清晰地看到，当元素的长度和宽度不为0时，元素的上边框呈现为梯形。由此可知，当元素的长度和宽度不为0时，边框的形状是梯形。

那么，当元素的长度和宽度都为0时，边框的形状还是梯形吗？将元素的长度和宽度设为0，CSS代码如下。

```
.box{
    width:0px;
    height:0px;
    border:20px solid #c9aa8b;
    border-top-color:#ffc86b;
}
```

浏览器显示效果如图4-13所示，当元素的长度和宽度均为0时，元素的上边框是一个朝下的三角形。

综合上述两种情况，可以得出一个结论：元素的边框是一个非矩形。

图4-13 将元素的长度和宽度设为0

利用元素边框的特性，当元素的长度和宽度为0且其他三边的颜色为白色时，使用边框属性，可以得到不同方向的三角形，如图4-14所示。HTML代码如下。

```
<div class="box box1"></div>
<div class="box box2"></div>
<div class="box box3"></div>
<div class="box box4"></div>
```

CSS代码如下。

```
.box{
    width:0px;
    height:0px;
    border:30px solid #ffffff;
}
.box1{
    border-top:30px solid #fbcd5d;
}
```

```
.box2{
    border-right:30px solid #fbcd5d;
}
.box3{
    border-left:30px solid #fbcd5d;
}
.box4{
    border-bottom:30px solid #fbcd5d;
}
```

图4-14 当元素的长度和宽度为0且其他三边的颜色为白色

4.2.3 边框的圆角效果——border-radius

使用border-radius属性可以给盒模型设置圆角效果，圆角的形状是一个四分之一圆。border-radius的值可以是数值或百分比，含义是圆角所在的圆形直径。

【例4-2】

使用border-radius属性给盒模型设置圆角效果，如图4-15所示。CSS代码如下。

```
div{
    width:400px;
    height:200px;
    border-radius:80px;
    background-color:#c9aa8b;
}
```

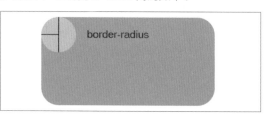

图4-15 圆角示意图

当div元素的长度和宽度相等时，表现为一个正方形。给正方形加圆角样式时，border-radius的值等于正方形的边长，得到一个圆形，如图4-16所示。CSS代码如下。

```
div{
    width:200px;
    height:200px;
    border-radius:200px;
    background-color:#ffc86b;
}
```

图4-16 圆形示意图

4.3 内边距

本节学习内边距（padding）与元素大小的关系，还会探索元素中的内容（content）、元素的背景（background）、背景图片（background-image）与内边距（padding）的位置关系。经过学习，读者将掌握padding的各种复合写法。

4.3.1 padding 会撑大元素的大小

【例4-3】

创建一个div元素，长度和宽度均为200px，内边距为100px，浏览器显示效果如图4-17所示。CSS代码如下。

```
.box{
    width:100px;
    height:100px;
    font-size:18px;
    padding:30px;
    color:#ffffff;
    background-color:#b6d16a;
}
```

图4-17 浏览器显示效果

HTML 代码如下。

```
<div class="box box1"> 元素的盒模型学习——内边距 padding </div>
```

在浏览器的开发者模式下查看这个元素的盒模型，如图4-18所示，可以看到content区域的宽度和高度等于width和height的值，文字内容显示在content区域内。元素的padding将元素的内容与边框隔开，元素的背景颜色默认填充在content和padding两个区域。

此时，浏览器中绿色方块的宽度和高度数值如下所示。

绿色方块的宽度为：元素的width（100px）+ padding-left（100px）+ padding-right（100px）= 260px。

绿色方块的高度为：元素的height（100px）+ padding-top（100px）+ padding-bottom（100px）= 260px。

图4-18 在开发者模式下查看盒模型

给元素添加背景图片，背景图片将默认填充padding的空间，浏览器显示效果如图4-19所示，CSS代码如下。

```
background-image:url(img/sky1.jpg);
```

图4-19 给元素添加背景图片

与border类似，也可以分别设置padding不同方向的值，浏览器显示效果如图4-20所示，CSS代码如下。

```
padding-top:50px;
padding-right:100px;
padding-bottom:150px;
padding-left:200px;
```

图4-20 分别设置padding不同方向的值

4.3.2 padding 的复合写法

所谓padding的复合写法，就是把padding-top、padding-right、padding-bottom、padding-left合并为一条CSS样式。padding属性可以有1～4个属性值。

（1）设置1个属性值时，代表4个方向的padding值。CSS代码如下，运行结果如图4-21所示。

```
.box{
    width:100px;
    height:100px;
    padding:100px;
    background-color:#b6d16a;
}
```

图4-21 设置1个属性值

（2）设置2个属性值时，第1个属性值设定padding-top、padding-bottom，第2个属性值设定padding-right、padding-left。CSS代码如下，运行结果如图4-22所示。

```
padding: 100px 50px;
```

图4-22 设置2个属性值

（3）设置3个属性值时，第1个属性值设定padding-top，第2个属性值设定padding-right和padding-left，第3个属性值设定padding-bottom。因为padding的属性值沿顺时针方向分配，顺序为padding-top、padding-right、padding-bottom、padding-left，当有3个属性值时，排在第4位的padding-left没有对应的属性值，所以取对面padding-right的属性值为自己的值。CSS代码如下，运行结果如图4-23所示。

图4-23 设置3个属性值

```
padding:10px 100px 200px;
```

（4）设置4个属性值时，第1个属性值为padding-top，第2个属性值为padding-right，第3个属性值为padding-bottom，第4个属性值为padding-left。CSS代码如下，运行结果如图4-24所示。

图4-24 设置4个属性值

```
padding: 100px 50px 30px 10px;
```

内边距复合写法的顺序是从padding-top开始，顺时针方向设置，到padding-left结束。当复合写法中的值不足4个时，其他值采用上下对称、左右对称的方式补全。

4.4 外边距

本节学习元素的外边距（margin）。margin的语法类似于padding，不同的是，margin在使用的过程中会导致两个问题：父子级之间margin传递；兄弟级之间margin叠压。下面介绍如何避免或解决这两个问题。

4.4.1 margin 的作用

margin的作用就是调节元素之间的距离。

【例4-4】

在页面中创建一个div元素作为容器，给容器添加黑色边框，浏览器显示效果如图4-25所示。HTML代码如下。

```
<div class="page"></div>
```

CSS代码如下。

```
.page{
```

```
width:500px;
height:500px;
border:2px solid #000000;
}
```

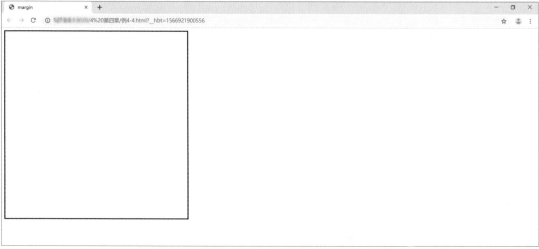

图4-25 创建一个div元素

按F12快捷键进入开发者模式，查看body元素的默认外边框。由图4-26可知，div元素并没有紧贴浏览器显示，这是因为body元素默认有margin样式。

一般在写页面时，会先设置body的外边距为0，这称为CSS的样式重置，作用是让页面样式更加精确，CSS代码如下。

```
body{margin:0;}
```

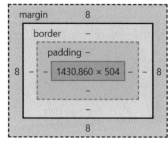

图4-26 查看body元素的默认外边框

在容器中新建两个div元素，将class属性分别设置为box1、box2，背景色分别设置为浅绿色与橙色，浏览器显示效果如图4-27所示。CSS代码如下。

```
.box1{
    width:100px;
    height:100px;
    background-color:#d9ebb1;
}
.box2{
    width:100px;
    height:100px;
    background-color:#f2ae7d;

}
```

HTML代码如下。

```
<body>
   <div class="page">
      <div class="box1"></div>
      <div class="box2"></div>
   </div>

</body>
```

图4-27 新建两个div元素

给box1设置CSS样式margin:50px，浏览器显示效果如图4-28所示，box1在上侧和左侧距离容器50px，box2与box1距离50px，CSS代码如下。

```
.box1{
   width:100px;
   height:100px;
   background-color:#d9ebb1;
   margin:50px;
}
```

图4-28 给box1设置CSS样式margin:50px

margin同样可以单独设置4个不同方向，复合写法与padding一致，遵循顺时针的规律，此处不再赘述。

4.4.2 margin 在使用中的问题

1.margin叠压

【例4-5】

创建两个div元素，外边距分别为100px和150px，浏览器显示效果如图4-29所示，CSS代码如下。

```css
.box{
  width:100px;
  height:100px;
  background-color:#b6d16a;
}
.box:nth-of-type(1){
  margin:100px;
}
.box:nth-of-type(2){
  margin:150px;
}
```

HTML 代码如下。

```html
<div class="box"></div>
<div class="box"></div>
```

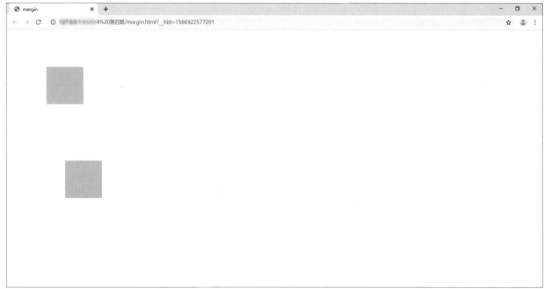

图4-29 创建两个div元素

如果两个元素的外边距可以叠加的话，它们之间的距离应该是100px+150px=250px。

打开开发者模式验证两个元素之间的实际距离，如图4-30所示，可以看到两个元素之间的实际距离只有150px，这个数值恰好是两个元素中外边距较大的那一个。

图4-30 在开发者模式下查看两个元素之间的距离

当两个垂直外边距相遇时，它们将形成一个外边距，此时外边距的值是两个外边距中较大的那一个，这种现象称为margin的叠压现象，如图4-31所示。

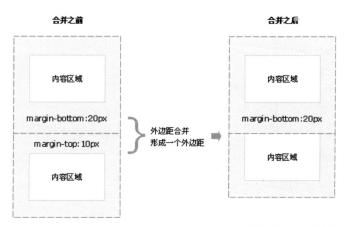

图4-31 margin的叠压

虽然没有方法能彻底解决margin的叠压，但可以通过其他写法来避免这个问题。例如，当希望两个元素之间的距离为250px时，直接设置其中一个元素的边距为250px；在没有边框和背景的情况下，使用padding来代替margin。另外，两个浮动元素之间不会发生margin的叠加。（浮动元素详见第5章。）

2.margin的传递

【例4-6】

创建一个类名为box的div元素，内部有box1和box2两个子元素，运行结果如图4-32所示。代码如下。

```
<!DOCTYPE html>
<html>
    <head>
        <meta charset="UTF-8">
        <title>margin 的传递 </title>
    </head>
    <style>

        .box{
            width:500px;
            height:500px;
            background-color:#fbcd5d;
        }

        .box1,.box2{
            width: 100px;
            height: 100px;
            background-color:#b6d16a;
        }

    </style>

    <body>
        <div class="box">
            <div class="box1"></div>
            <div class="box2"></div>
        </div>
    </body>
</html>
```

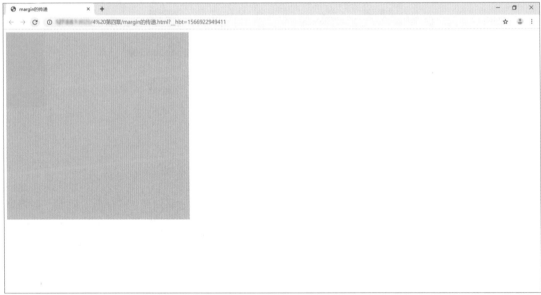

图4-32 margin的传递

　　给box1和box2添加100px的外边距，CSS代码如下，预期显示效果如图4-33所示，浏览器实际显示效果如图4-34所示。

```
.box1,.box2{
    width: 100px;
    height: 100px;
    background-color:#b6d16a;
    margin:100px;
}
```

图4-33 预期显示效果

图4-34 浏览器实际显示效果

由图4-34可知，紧邻父元素上边框的子元素并没有显示100px的margin-top，反而父元素获得了100px的margin-top，这种现象称为margin的传递。当父元素没有边框时，第一个子元素的margin-top会传递给父元素。

有3种处理margin传递的方法，处理后浏览器可显示如图4-33所示的预期效果。

（1）给父级元素添加属性overflow:hidden，CSS代码如下。

```
.box{
    width:500px;
    height:500px;
    background-color:#fbcd5d;
    overflow: hidden;
}
```

（2）给父级元素设置与内容同一颜色的上边框，此时要注意将父级元素的高度减去上边框的高度，CSS代码如下。

```
.box{

    width:500px;
    height:499px;
    background-color:#fbcd5d;
    border-top:1px solid #fbcd5d;
}
```

（3）用父级元素的padding-top代替box1的margin-top。设置box1的margin-top为0，设置父级元素的padding-top为100px，并且将父级元素的height属性减去100px，CSS代码如下。

```
.box{
    width:500px;
    height:400px;
    background-color:#fbcd5d;
    padding-top:100px;
}
.box1,.box1{
    width: 100px;
    height: 100px;
    background-color:#b6d16a;
    margin:100px;
}
.box1{
    margin-top: 0;

}
```

4.5 盒模型的大小

标准盒模型尺寸如图4-35所示。

盒模型的实际宽度=width + 左右padding + 左右border

盒模型的实际长度=width + 上下padding + 上下border

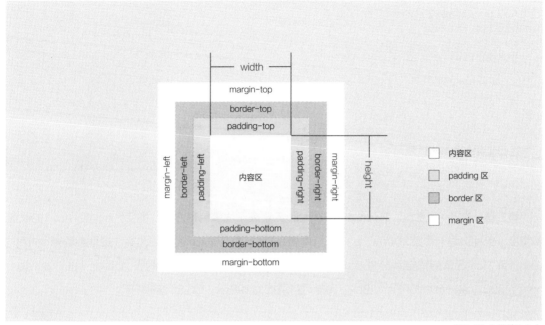

图4-35 盒模型的大小

【例4-7】

使用盒模型布局完成如图4-36所示的图形嵌套。

要求：

（1）正方形的边长依次为400px、300px、200px，圆形的直径为100px，此数值包括边框；

（2）背景颜色由内到外依次为#f8ccbf、#bdd8e3、#fbdeb2、#cccccce；

（3）正方形的border宽度都为1px；

（4）正方形的内边距都为50px；

图4-36 图形嵌套

（5）完成后，在开发者模式下检查每个盒模型的尺寸，注意盒模型有不同类型的边框。

遵循页面布局的规则，从外到内完成图4-36所示的效果。

最外层：创建一个div元素表示灰色正方形，类名为box。根据需求来看，这个盒模型的大小为400×400px，padding值为50px，边框值为1px。由此计算，div元素的宽度为width = 400 - padding-left - padding-right - border-left - border-right= 400 - 50 - 50 - 1 - 1 = 298px，同理可得高度为298px。HTML代码如下。

```
<div class="box"></div>
```

CSS代码如下。

```
.box{
    width:298px;
```

```
height:298px;
padding:50px;
background-color:#ccccce;
border:1px solid #000000;
}
```

运行结果如图4-37所示。

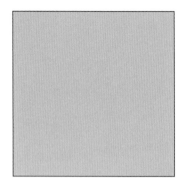

图4-37 图形最外层

第二层：在div元素box的内部创建一个div元素表示浅黄色正方形，类名为box1。box1的长度和宽度（包括边框）均为300px，padding值为50px，并且有1px宽度的边框，边框类型为dotted。由此计算，div元素的宽度为width = 300 − padding-left − padding-right − border-left − border-right = 300 − 50 −50 −1 −1 = 198px，同理可得高度为198px。CSS代码如下。

```
.box1{
    width:198px;
    height:198px;
    padding:50px;
    background-color:#fbdeb2;
    border:1px dotted #000000;
}
```

HTML代码如下。

```
<div class="box">
<div class="box1"></div>
</div>
```

运行结果如图4-38所示。

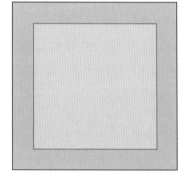

图4-38 图形第二层

第三层：在div元素box1的内部创建一个div元素表示粉色正方形，类名为box2。由此计算，div元素的宽度为width = 200−padding-left − padding-right − border-left − border-right = 200 − 50 − 50 − 1 −1 = 98 px，同理高度为98px。CSS代码如下。

```
.box2{
   width:98px;
   height:98px;
   padding:50px;
```

```
   background-color:#bdd8e3;
   border:1px dashed #000000;
}
```

HTML 代码如下。

```
<div class="box">
   <div class="box1">
      <div class="box2">
      </div>
   </div>
</div>
```

运行结果如图4-39所示。

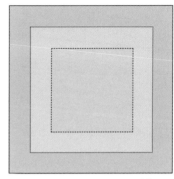

图4-39 图形第三层

第四层：在div元素box2的内部创建一个div元素表示粉色圆形，类名为box3。由此计算，div元素的宽度为100px，同理高度为100px。当border-radius与正方形边长相等时，得到圆形，可得boder-radius为100px。CSS代码如下。

```
.box3{
   width:100px;
   height:100px;
   background-color:#f8ccbf;
   border-radius:100px;
}
```

HTML 代码如下。

```
<div class="box">
   <div class="box1">
      <div class="box2">
       <div class="box3"></div>
      </div>
   </div>
</div>
```

运行结果如图4-40所示。

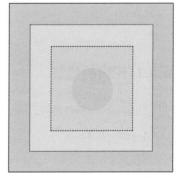

图4-40 图形第四层

到目前为止，上述盒模型练习就完成了。在浏览器中按F12快捷键进入开发者模式，查看元素与盒模型，如图4-41所示。

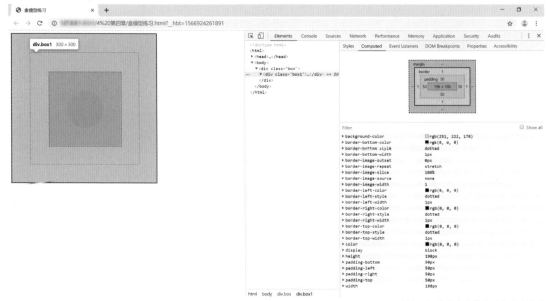

图4-41 在开发者模式下查看盒模型

4.6 元素的display属性

display属性规定了元素的显示框类型，display属性的值如表4-2所示。常用的3种显示框类型有none、block、inline。

表4-2　display属性的值

值	描述
none	此元素不会被显示
block	此元素将显示为块级元素，此元素前后会带有换行符
inline	默认值，此元素会被显示为内联元素，元素前后没有换行符
inline-block	行内块元素
list-item	此元素会作为列表显示

4.6.1 元素的隐藏

隐藏一个元素有两种方法：display:none和visibility:hidden，但效果有所区别。

【例4-8】

创建两个div元素，浏览器显示效果如图4-42所示。代码如下。

```html
<!DOCTYPE html>
<html>
   <head>
      <meta charset="UTF-8">
      <title></title>
   </head>
   <style>
      .box1,.box2{
```

```
      width: 100px;
      height: 100px;
      margin:100px;
    }

    .box1{
      background-color:#b6d16a;
    }

    .box2{
      background-color:#fbcd5d;
    }
  </style>
  <body>
    <div class="box1"></div>
    <div class="box2"></div>
  </body>
</html>
```

图4-42 创建两个div元素

第一种方法：使用display:none将类名为box1的元素隐藏，效果如图4-43所示。CSS代码如下。

```
.box1{
  background-color:#b6d16a;
  display: none;
}
```

图4-43 使用display:none将类名为box1的元素隐藏

display:none可以隐藏某个元素，且隐藏的元素不会占用任何空间。也就是说，某个元素不但被隐藏了，而且其原本占用的空间也会从页面布局中消失。

第二种方法：使用visibility:hidden将类名为box1的元素隐藏，效果如图4-44所示。CSS代码如下。

```css
.box1{
    background-color:#b6d16a;
    visibility:hidden;
}
```

图4-44 使用visibility:hidden将类名为box1的元素隐藏

visibility:hidden可以隐藏某个元素，但隐藏的元素仍需占用与未隐藏之前一样的空间。也就是说，某个元素虽然被隐藏了，但仍然存在于页面上。

 display:none隐藏对应的元素但不挤占该元素原来的空间；visibility:hidden隐藏对应的元素并且挤占该元素原来的空间。

4.6.2 块元素和内联元素

1.块元素

常见的块元素有\<p>、\<div>、\<h1>、\<h2>、\<h3>、\<h4>、\<h5>、\<h6>、\<ul>、\<li>等。块元素的display属性值默认为block，块元素具有以下特点：

（1）块元素默认独占一行，表现为另起一行开始，而且其后的元素也必须另起一行显示；

（2）块元素可以设置高度、宽度、内边距与外边距；

（3）当块元素的宽度默认时（未设置width属性时），宽度是其容器的100%；

（4）块元素可以容纳块元素，也可以容纳内联元素。

下面列举常见块元素来展示其特性，运行结果如图4-45所示。CSS代码如下。

```
.block{
    background-color:#b6d16a;
    margin:20px;
    padding:20px;
    font-size:24px;
}
```

HTML 代码如下。

```
<h2 class="block">h2 元素 </h2>
<div class="block">div 元素 </div>
<p class="block">p 元素 </p>
<ul>
    <li class="block">li1</li>
    <li class="block">li2</li>
    <li class="block">li3</li>
</ul>
```

图4-45 常见块元素

2.内联元素

常见的内联元素有<a>、<em>、<img>、<i>、<span>等，内联元素的display属性值默认为inline，内联元素具有以下特点：

（1）内联元素与相邻的内联元素同处一行；

（2）内联元素不可以设置高度、宽度，其高度一般由其字体的大小来决定，其宽度由内容的长度控制；

（3）内联元素中，margin-top和margin-bottom属性无效，padding-top和padding-bottom不能影响元素的高度，但可以影响其背景高度；

（4）内联元素一般不可以包含块元素，如<span>中不能包含<div>，<span><div></div></span>这类错误的写法在浏览器上显示的时候会出现错乱。

下面列举常见内联元素来展示其特性，运行结果如图4-46所示。CSS代码如下。

```
.inline{
   background-color:#fbcd5d;
   color:dimgrey;
   padding:50px;
   font-size:24px;
}
```

HTML代码如下。

```
<em class="inline">em 元素 </em>
<i class="inline">i 元素 </i>
<a href="https://www.baidu.com/" class="inline">a 元素 </a>
<span class="inline">span 元素 </span>
```

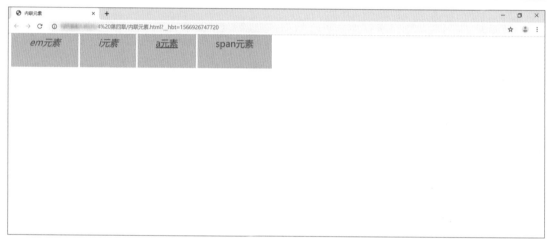

图4-46 常见内联元素

提示　虽然没有给内联元素设置margin外边距，但渲染到浏览器中出现了空格。这是因为元素被当成内联元素进行排版时，元素之间的空白符（空格、换行等）会被浏览器处理，HTML代码中的换行被转为空白符，所以元素之间就出现了空隙。这些元素之间的间距会随着字体的大小而变化，当行内元素字体大小为6px时，空隙为8px。

去掉空隙的方法：

（1）不换行（不推荐）；

（2）改变父级元素的字体大小，设置父级容器的字体大小为0；

（3）给内联元素设置浮动，float:left 或 float:right。

4.6.3 块元素与内联元素之间的转化

通过display属性，块元素和内联元素之间是可以相互转化的。转化之后，元素具备了转化后元素的特性，但是元素的本质不变。

1. display:block——内联元素转化为块元素

通过给一个内联元素设置CSS样式display:block，可以将内联元素转化为块元素，进而可以设置它的宽度和高度，并且默认占一整行，浏览器显示效果如图4-47所示。代码如下。

```
<style>
    .inline{
        background-color:#fbcd5d;
        color:dimgrey;
        margin:30px;
        padding:30px;
        display:block;
        font-size:24px;
    }

</style>
<body>
    <em class="inline">em 元素 </em>
    <i class="inline">i 元素 </i>
    <a href="https://www.baidu.com/" class="inline">a 元素 </a>
    <span class="inline">span 元素 </span>
</body>
```

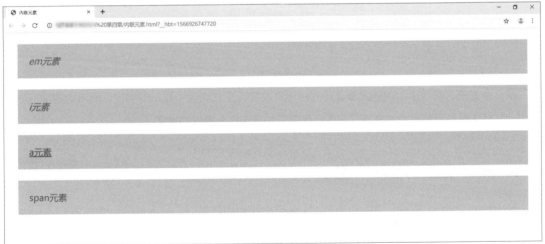

图4-47 内联元素转化为块元素

2. display:inline——块元素转化为内联元素

通过给一个行内元素设置CSS样式display:inline，可以将块元素转化为内联元素。此时，块元素具备了内联元素的特性，多个块元素同处一行，margin-top和margin-bottom失效，浏览器显示效果如图4-48所示。HTML代码如下。

```
<h2 class="block">h2 元素 </h2>
<div class="block">div 元素 </div>
<p class="block">p 元素 </p>
<ul class="block">
    <li class="block">li1</li>
    <li class="block">li2</li>
    <li class="block">li3</li>
</ul>
```

CSS代码如下。

```
.block{
    display:inline;
    background-color:#b6d16a;
    margin:20px;
    padding:20px;
    font-size:24px;
}
```

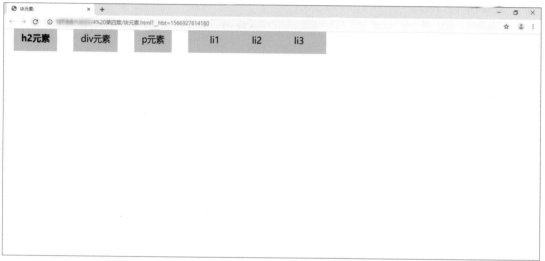

图4-48 块元素转化为内联元素

要注意的是，块元素与内联元素之间的转化只改变元素在页面中显示的类型，而不会改变元素的本质。就像男性歌手反串女性表演，但不会改变男性歌手作为男性的事实。

4.6.4 auto 实现块元素居中显示

使用margin:auto属性，可以实现元素在水平方向居中显示。

auto表示浏览器自动计算外边距，当margin-left与margin-right都为auto时，元素的左右外边距均分浏览器的可用水平空间，使元素水平居中。

> 提示　auto不可以用于垂直方向，它不适用于浮动和内联元素，并且它本身也不能用于绝对定位元素和固定定位元素。

【例4-9】

创建一个div元素和一个span元素，分别为它们添加CSS样式margin:0 auto，浏览器显示效果如图4-49所示。代码如下。

```
<style>
    .box{
        width:200px;
```

```
        height:200px;
        margin:0 auto;
        background-color:#fbdeb2;
    }
    .span{
        background-color:#bdd8e3;
        padding:100px;
        margin:0 auto;
    }
</style>

<body>
    <div class="box"> 块元素 </div>
    <span class="span"> 内联元素 </span>
</body>
```

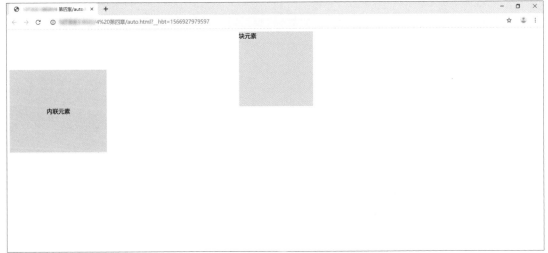

图4-49 创建一个div元素和一个span元素

从图4-49可以看出，margin:0 auto只作用于块元素，不作用于内联元素。margin:0 auto一般用于实现块元素的水平居中。

4.7 内联块

网页中经常使用如图4-50所示的分页栏。观察分页栏的结构发现，分页栏的上下左右都有内边距，元素同处一行。然而，块元素不能实现多个元素同行显示，内联元素无法设置宽高。显然，它们都不符合分页栏的要求。

图4-50 分页栏

那么，怎样才能使块元素同处一行，或让内联元素有宽高呢？内联块很好地解决了这个问题，给元素添加CSS属性display:inline-block，可以将元素转化为内联块元素。

内联块元素具有以下特征:

(1)块元素在一行显示;

(2)内联元素可以设置宽和高;

(3)没有设置宽度的时候,内容撑开宽度。

【例4-10】

使用内联块完成如图4-51所示的分页栏,制作步骤如下。

(1)完成分页栏的结构,HTML代码如下。

```html
<body>
    <ul>
        <li class="previous-page">上一页</li>
        <li>1</li>
        <li>2</li>
        <li>3</li>
        <li>4</li>
        <li>5</li>
        <li>···</li>
        <li class="next-page">下一页</li>
    </ul>

</body>
```

(2)完成简单的文本样式,CSS代码如下。

运行结果如图4-51所示。

```css
li{
    width:30px;
    height:30px;
    list-style: none;
    border:2px solid #f0f0f0;
    text-align:center;
    line-height:30px;
    font-size:18px;
}
.previous-page{
    width:90px;
}
.next-page{
    width:90px;
}
```

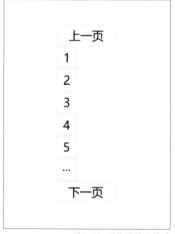

图4-51 浏览器显示效果

(3)根据内联块的特征"使块元素在一行显示",给li元素设置CSS样式display:inline-block,浏览器显示效果如图4-52所示。CSS代码如下。

```css
li{
    display:inline-block;
    width:30px;
    height:30px;
    list-style: none;
    border:2px solid #f0f0f0;
    text-align:center;
    line-height:30px;
```

```
    font-size:18px;
}
```

上一页　　1　2　3　4　5　…　下一页

图4-52 给li元素设置CSS样式display:inline-block

（4）从图4-52可以看出每个li元素之间都有一小段距离，这是因为内联块会把代码的换行解析为空格。可以将父元素的字体大小设为0来解决这个问题，浏览器显示效果如图4-53所示。CSS代码如下。

```
ul{
    font-size:0;
}
```

上一页　　1　2　3　4　5　…　下一页

图4-53 父元素的字体大小为0

（5）从图4-53可以看出，元素中间的边框是其他边框的两倍，它是由前一个元素的border-right和后一个元素的border-left组成。为了将元素中间的边框调整到与其他边框相同的宽度，给li元素添加CSS样式border-right:none，取消所有li元素的右边框，浏览器显示效果如图4-54所示。CSS代码如下。

```
li{
    display:inline-block;
    width:30px;
    height:30px;
    list-style: none;
    border:2px solid #f0f0f0;
    text-align:center;
    line-height:30px;
    font-size:18px;
    border-right:none;
}
```

上一页　　1　2　3　4　5　…　下一页

图4-54 取消所有li元素的右边框

（6）给最后一个li元素添加右边框，如图4-55所示。代码如下。

```
.next-page{
    width:90px;
    border-right:2px solid #f0f0f0;

    }
```

上一页　　1　2　3　4　5　…　下一页

图4-55 给最后一个li元素添加右边框

（7）调整字体大小和颜色，给"第2页"添加橙色的背景色，同时修改其边框为橙色，如图4-56所示。代码如下。

```
li:nth-of-type(3){
    background-color:#ff422e;
    color:#ffffff;
    border:2px solid #ff422e;
}
```

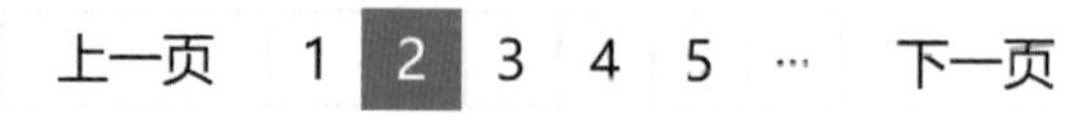

上一页　1　2　3　4　5　…　下一页

图4-56 调整字体大小和颜色

（8）给"上一页"和"下一页"添加圆角效果，如图4-57所示。代码如下。

```
.previous-page{
    width:90px;
    border-top-left-radius:10px;
    border-bottom-left-radius:10px;
}
.next-page{
    width:90px;
    border-top-right-radius:10px;
    border-bottom-right-radius:10px;
    border-right:2px solid #f0f0f0;

}
```

上一页　1　2　3　4　5　…　下一页

图4-57 添加圆角效果

4.8 初始化页面样式

不同的元素有不同的初始样式，如ul元素有list-style默认样式，body元素有默认的margin。当使用CSS样式还原网页设计图时，这些默认样式会影响网页样式的准确性。因此，在制作网页之前，首先要清空元素的默认样式，这种行为一般称为CSS初始化设置。

常用的CSS初始化设置如下。

```
body,ul,ol,li,p,h1,h2,h3,h4,h5,h6,form,fieldset,table,td,img,div{margin:
0;padding:0;border:0;}
ul,ol{list-style:none;}
select,input,img,select{vertical-align:middle;}
a{text-decoration:none;}
a:link{color:#009;}
a:visited{color:#800080;}
a:hover,a:active,a:focus{color:#c00;text-decoration:underline;}
```

一般来讲，需要将常用的CSS初始化设置写成一个reset.css文件，在每次页面开始的位置引用这个文件即可。当页面引用多个CSS文件时，要将reset.css文件放在第一位，这是为了让页面自身的CSS样式覆盖初始化样式，代码如下。

```
<link rel="stylesheet" href="css/reset.css" />
<link rel="stylesheet" href="css/index.css" />
```

思考与练习

一、填空题

CSS属性（　　）可为元素设置外边距。

二、单选题

1.定义下列哪个样式后，内联（非块状）元素可以定义宽度和高度？（　　）

A. display:inline　　　B. display:none　　　C. display:block　　　D. display:inherit

2.下列选项哪一个是HTML盒模型中border的正确写法？（　　）

A. p{ border:5px solid red;}　　　　　B. p{ border:5px br red solid; }

C. p{ border: red solid 5px; }　　　　D. p{ border: solid red 5px; }

3. 关于HTML盒模型，下列说法正确的是？（　　）

A. margin 是内边距

B. padding 是外边距

C. border 是边框

D. border-radius是CSS3新增属性，因此IE并不支持border-radius属性

三、简答题

1.请简化下面的CSS代码。

margin:0px;

padding:10px 0 10px 0;

border-width:1px;

border-style:solid;

border-color:#ff5500;

2. 行内元素有哪些？块级元素有哪些？空元素有哪些？

3. 如何水平居中已知宽度的div元素？

4. 为什么要初始化CSS样式？

5. 行内元素和块级元素的具体区别是什么？可以设置行内元素的padding和margin吗？

6. display:none 与 visibility:hidden 的区别是什么？

7. CSS的盒模型包括什么？

8．将以下CSS代码进行缩写，要符合缩写的规范。

代码一：

border-width:1px; border-color:#000; border-style:solid;

代码二：

background-position:0 0;

background-repeat:no-repeat;

background-attachment:fixed;

background-color:#f00;

background-image:url(background.gif);

代码三：

margin-left:20px;

margin-right:20px;

margin-bottom:5px; margin-top:10px;

实践题

请完成本章开头的"本章任务"，如图4-58所示。

图4-58 页面效果图

第5章 浮动布局
——实现网页的经典布局

第4章讲解了块元素与内联元素的特性，引入inline-block（内联块）实现块元素同处一行的效果，但这种方式带来了其他问题，如垂直方向对齐的问题、代码换行解析为空格等。

浮动布局是一种经典的网页布局方式，它可以替代inline-block，实现将多个块元素置于一行的效果。本章将介绍什么是文档流，怎样实现浮动布局，如何清除浮动布局，如何通过层级改变元素上下层的覆盖关系。

本章任务

制作出如图 5-1 所示的个人摄影博客页面。

要求：

（1）必须使用浮动布局；

（2）必须清除浮动；

（3）结构、标签语义化；

（4）为了更好地练习本章内容，请不要使用 inline-block 来代替浮动；

（5）注意内容居中对齐。

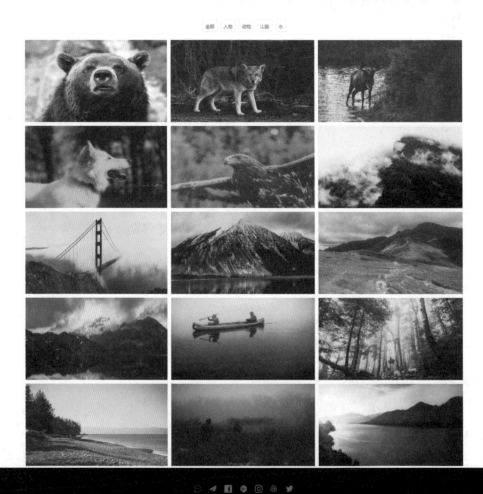

图5-1 个人摄影博客

5.1 浮动的基本语法

本节将介绍什么是浮动，怎样使用float属性设置元素的浮动。

5.1.1 浮动的定义

元素排版布局过程中，元素会默认自动从左往右、从上往下流式排列，这种排列方式称为文档流。

浮动使元素脱离文档流并按照指定方向发生移动，遇到父级边界或相邻的浮动元素时停下来。

【例5-1】

创建3个div元素，在普通文档流下排列如图5-2所示。CSS代码如下。

```
.box1{
  width: 100px;
  height: 100px;
  background-color: #ea7070;
  line-height: 100px;
}
.box2{
  width: 200px;
  height: 200px;
  background-color: #fdc4b6;
  line-height: 200px;
}
.box3{
  width: 300px;
  height: 300px;
  background-color: #e59572;
  line-height: 300px;
}
.box{
  font-size: 22px;
  text-align: center;
  color: grey;
}
```

HTML代码如下。

```
<div class="box box1">box1</div>
<div class="box box2">box2</div>
<div class="box box3">box3</div>
```

图5-2 创建3个div元素

5.1.2 float 属性

float属性规定一个元素是否浮动，以及浮动的方向。

float属性可能的值如表5-1所示。

表5-1 float属性可能的值

值	描述
left	元素向左浮动
right	元素向右浮动
none	默认值，元素不浮动，并显示其在文本中出现的位置
inherit	从父元素继承 float 属性的值

给例5-1标准文档流中的的3个元素分别加上float: left属性，元素将脱离文档流，在同一行遵循从左到右的排列顺序，如图5-3所示。CSS代码如下。

```css
.box{
    font-size: 22px;
    text-align: center;
    color: grey;
    float: left;
}
```

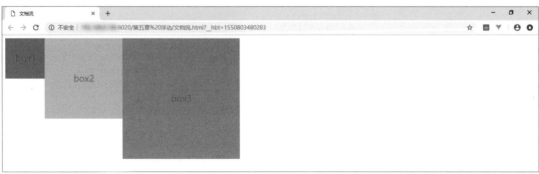

图5-3 向左浮动

给例5-1的元素设置CSS样式float: right，如图5-4所示，此时元素遵循从右向左的排列顺序，3个元素的位置从之前由小到大的box1、box2、box3，变成了从大到小的box3、box2、box1。CCS代码如下。

```
.box{
    font-size: 22px;
    text-align: center;
    color: grey;
    float: right;

}
```

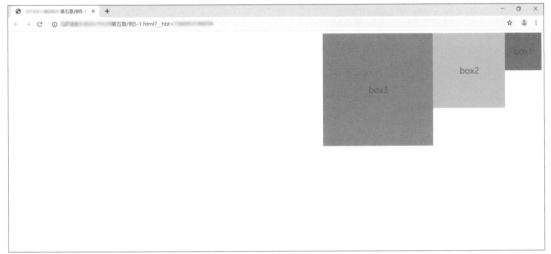

图5-4 向右浮动

提示 在布局页面时，一般不会给多个元素添加向右浮动的样式。使用float: right时，要求结构中的元素顺序相反，影响了代码的可读性与可维护性。为了解决这个问题，可以将需要向右浮动的元素装进一个父级盒子中，设置父级盒子向右浮动，盒子内部的子级仍然采用向左浮动的样式，如图5-5所示。

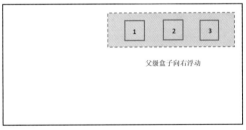

图5-5 设置父级盒子向右浮动

5.2 浮动的特征

1.脱离文档流

只给例5-1中的box1添加float: left属性，box1会脱离文档流，向左浮动，如图5-6所示。这意味着box1无需在文档流中占据位置，其他元素按照box1不存在的情况进行排列，box2移动到了box1之前的位置上。代码如下。

```
.box1{
    width: 100px;
    height: 100px;
    line-height:100px;
    background-color: #ea7070;
    float: left;
}
.box2{
    width: 200px;
    height: 200px;
    background-color: #fdc4b6;
    line-height: 200px;
}
.box3{
    width: 300px;
    height: 300px;
    background-color: #e59572;
    line-height: 300px;
}
.box{
    font-size: 22px;
    text-align: center;
    color: grey;
}
```

图5-6 只给box1添加float: left属性

通过改变float的属性值可以改变浮动的方向，将box1设为向右浮动，box1将脱离文档流向右移动，直到碰到父级边框停下，如图5-7所示。代码如下。

```
.box1{
    width: 100px;
    height: 100px;
    line-height:100px;
    background-color: #ea7070;
    float: right;
}
```

图5-7 将box1设为向右浮动

2. 只影响内联元素的布局

元素浮动之后，不会影响其他块元素的布局，只会影响内联元素的布局。利用浮动的这个特性，可以做出图文环绕的效果。

【例5-2】

创建img元素与span元素，浏览器显示效果如图5-8所示。CSS代码如下。

```
img{
    width: 100px;
    height: 100px;
}
```

HTML代码如下。

```
<body>
    <img src="img/penguin1.jpg" alt="" />
    <span> 企鹅（Spheniscidae）：有"海洋之舟"美称的企鹅是一种最古老的游禽，它们很可
能在地球穿上冰甲之前，就已经在南极安家落户。全世界的企鹅共有18种，大多数都分布在南半球，
属于企鹅目，企鹅科。企鹅的特征为不能飞翔；脚生于身体最下部，故呈直立姿势；趾间有蹼；跖行
性（其他鸟类以趾着地）；前肢成鳍状；羽毛短，以减少摩擦和湍流；羽毛间存留一层空气，用以保温；
背部黑色，腹部白色。 企鹅能在 -60℃ 的严寒中生活、繁殖。在陆地上，它活像身穿燕尾服的西方
绅士，走起路来，一摇一摆，遇到危险，连跌带爬，狼狈不堪。可是在水里，企鹅那短小的翅膀成了
一双强有力的"划桨"，游速可达每小时 25~30 千米，一天可游 160 千米。 企鹅主要以磷虾、乌贼、
小鱼为食。企鹅共有18个独立物种，体型最大的物种是帝企鹅，平均约1.1米高，体重35千克以上。
最小的企鹅物种是小蓝企鹅（又称神仙企鹅），体高约 40 厘米，重约1千克。企鹅本身有其独特的
结构， 企鹅羽毛密度比同一体型的鸟类大 3~4 倍，这些羽毛的作用是调节体温。 虽然企鹅的脚与
其他飞行鸟类的脚差不多，但企鹅双脚的骨骼坚硬，并且脚比较短且平。这种特征配合有如两只桨的
短翼，使企鹅可以在水底"飞行"。南极虽然酷寒难当，但企鹅经过数千万年暴风雪的磨炼，全身的
羽毛已变成重叠、密接的鳞片状。
    </span>
</body>
```

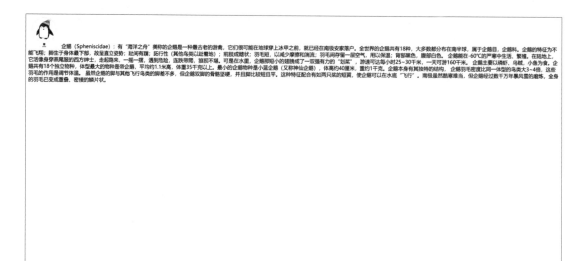

企鹅 (Spheniscidae)：有"海洋之舟"美称的企鹅是一种最古老的游禽，它们很可能在地球穿上冰甲之前，就已经在南极安家落户。全世界的企鹅共有18种，大多数都分布在南半球，属于企鹅目，企鹅科。企鹅的特征为不能飞翔；脚生于身体最下部，故呈直立姿势；趾间有蹼；跖行性（其他鸟类以趾着地）；前肢成鳍状；羽毛短，以减少摩擦和湍流；羽毛间存留一层空气，用以保温；背部黑色，腹部白色。企鹅能在-60℃的严寒中生活、繁殖。在陆地上，它活像身穿燕尾服的西方绅士，走起路来，一摇一摆，遇到危险，连跌带爬，狼狈不堪。可是在水里，企鹅那短小的翅膀成了一双强有力的"划桨"，游速可达每小时25~30千米，一天可游160千米。企鹅主要以磷虾、乌贼、小鱼为食。企鹅共有18个独立物种，体型最大的物种是帝企鹅，平均约1.1米高，体重35千克以上。最小的企鹅物种是小蓝企鹅（又称神仙企鹅），体高约40厘米，重约1千克。企鹅本身有其独特的结构，企鹅羽毛密度比同一体型的鸟类大3~4倍，这些羽毛的作用是调节体温。虽然企鹅的脚与其他飞行鸟类的脚差不多，但企鹅双脚的骨骼坚硬，并且脚比较短且平。这种特征配合有如两只桨的短翼，使企鹅可以在水底"飞行"。南极虽然酷寒难当，但企鹅经过数千万年暴风雪的磨炼，全身的羽毛已变成重叠、密接的鳞片状。

图5-8 浏览器显示效果

给img元素添加float: left属性，文字围绕图片显示，如图5-9所示，CSS代码如下。

```
img{
    width: 100px;
    height: 100px;
    float: left;

}
```

企鹅 (Spheniscidae)：有"海洋之舟"美称的企鹅是一种最古老的游禽，它们很可能在地球穿上冰甲之前，就已经在南极安家落户。全世界的企鹅共有18种，大多数都分布在南半球，属于企鹅目，企鹅科。企鹅的特征为不能飞翔；脚生于身体最下部，故呈直立姿势；趾间有蹼；跖行性（其他鸟类以趾着地）；前肢成鳍状；羽毛短，以减少摩擦和湍流；羽毛间存留一层空气，用以保温；背部黑色，腹部白色。企鹅能在-60℃的严寒中生活、繁殖。在陆地上，它活像身穿燕尾服的西方绅士，走起路来，一摇一摆，遇到危险，连跌带爬，狼狈不堪。可是在水里，企鹅那短小的翅膀成了一双强有力的"划桨"，游速可达每小时25~30千米，一天可游160千米。企鹅主要以磷虾、乌贼、小鱼为食。企鹅共有18个独立物种，体型最大的物种是帝企鹅，平均约1.1米高，体重35千克以上。最小的企鹅物种是小蓝企鹅（又称神仙企鹅），体高约40厘米，重约1千克。企鹅本身有其独特的结构，企鹅羽毛密度比同一体型的鸟类大3~4倍，这些羽毛的作用是调节体温。虽然企鹅的脚与其他飞行鸟类的脚差不多，但企鹅双脚的骨骼坚硬，并且脚比较短且平。这种特征配合有如两只桨的短翼，使企鹅可以在水底"飞行"。南极虽然酷寒难当，但企鹅经过数千万年暴风雪的磨炼，全身的羽毛已变成重叠、密接的鳞片状。

图5-9 给img元素添加float: left属性

3. 块元素在同一行显示

浮动可以完全取代inline-block的功能，让多个块元素同处一行。

4.默认内容撑开宽度

未设置宽度时，根据块元素的特征，宽度撑满整行。处于浮动状态下的块元素还是如此吗？

去掉例5-1中box1、box2、box3样式的宽度，代码如下。

```
.box1{
    height: 100px;
    background-color: #ea7070;
    line-height: 100px;
    float: left;
}
.box2{
    height: 200px;
    background-color: #fdc4b6;
    line-height: 200px;
    float: left;
}
.box3{
    height: 300px;
    background-color: #e9572;
    line-height: 300px;
    float: left;

}
```

浏览器显示效果如图5-10所示。当没有设置宽度的时候，默认内容撑开宽度。

图5-10 去掉宽度的CSS样式

5.内联元素支持宽高

float属性不仅可以设置块元素是否浮动，还可以设置内联元素是否浮动。

【例5-3】

创建3个span元素，设置宽高与背景颜色。未设置浮动的情况下，根据内联元素的特点，所设置的宽高无效，默认由内容撑开宽度，运行结果如图5-11所示。CSS代码如下。

```
span{
    width: 100px;
    height: 100px;
    background-color: #ffad60;
    margin: 0 20px;
}
```

HTML代码如下。

```
<body>
    <span>span1</span>
    <span>span2</span>
    <span>span3</span>

</body>
```

图5-11　创建3个span元素

给内联元素添加CSS样式float: left之后，内联元素支持宽高，运行结果如图5-12所示。CSS代码如下。

```
span{
    width: 100px;
    height: 100px;
    background-color: #ffad60;
    margin: 0 20px;
    float: left;
    color: grey;
}
```

HTML 代码如下。

```
<body>
    <span>span1</span>
    <span>span2</span>
    <span>span3</span>

</body>
```

图5-12 给内联元素添加浮动

5.3 clear属性

clear属性规定元素在某一方向上不允许有其他浮动元素。

clear属性的工作原理是自动为清除元素（即设置了clear属性的元素）增加上外边距。如果给名为box的元素声明为clear: left，box的上外边框（border-top）的边界将刚好在左侧浮动元素的下外边框（border-bottom）的边界之下。

clear属性默认为clear: none，clear属性值如表5-2所示。

表5-2 clear属性的值

值	描述
left	在左侧不允许浮动元素
right	在右侧不允许浮动元素
both	在左右两侧均不允许浮动元素
none	默认值，允许浮动元素出现在两侧
inherit	从父元素继承 clear 属性的值

【例5-4】

创建两个div元素box1和box2，设置浮动样式，浏览器显示效果如图5-13所示。CSS代码如下。

```
.box1{
    border: 3px solid #c1c1bf;
    background-color: #f8eeab;
}
.box2{
    border: 3px solid #fcdfb5;
    background-color: #dcc6b9;
}
.box{
    width: 100px;
    height: 100px;
    line-height: 100px;
    text-align: center;
    color: #909399;
    float: left;
}
```

HTML 代码如下。

```
<body>
    <div class="box box1">
        box1
    </div>
    <div class="box box2">
        box2
    /div>

</body>
```

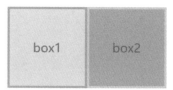

图5-13 创建两个div元素box1和box2

给box2添加CSS属性clear: both，规定box2的两侧不准出现浮动元素，两个元素的排列方式如图5-14所示。CSS代码如下。

```
.box2{
    border: 3px solid #fcdfb5;
    background-color: #dcc6b9;
    clear: both;

}
```

图5-14 给box2添加
CSS属性clear: both

5.4 清除浮动

浮动会导致高度塌陷的问题，本节将讲解如何清除浮动带来的影响。

5.4.1 高度塌陷

虽然浮动属性解决了页面布局中的很多问题，但浮动布局也不是全然没有缺陷的。例如，当元素浮动时，会脱离文档流；当父级包含框的高度小于浮动框的高度时，会发生高度塌陷。

【例5-5】

创建一个div元素，设置3px的橙色边框，在div元素中创建一个img元素作为子元素，浏览器显示效果如图5-15所示，div元素被子元素img撑开，div的高度等于img的高度。CSS代码如下。

```
.box{
   border: 3px solid #f8a978;
}
img{
   height: 300px;
}
```

HTML代码如下。

```
<body>
   <div class="box">
      <img src="img/cats.jpg" alt=""/>
   </div>

</body>
```

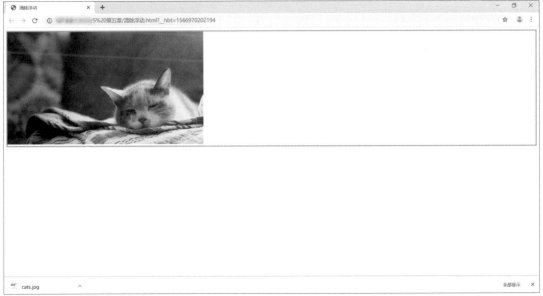

图5-15 在div元素中创建一个img元素

为img添加浮动属性之后，情况发生了变化。img元素浮动之后脱离了文档流，无法撑起父级的高度，父级div的高度变为0，页面发生高度塌陷，如图5-16所示。CSS代码如下。

```
img{
   height:300px;
   float: left;
}
```

127

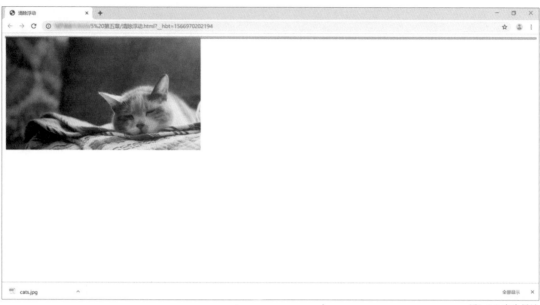

图5-16 高度塌陷

5.4.2 清除浮动的方法

1. 给浮动元素的父级设置高度

给例5-5中浮动元素的父级设置高度，运行结果如图5-17所示。CSS代码如下。

```css
.box{
  border: 3px solid #f8a978;
  height: 300px;
}
img{
  height:300px;
  float: left;
}
```

图5-17 给浮动元素的父级设置高度

给浮动元素的父级设置高度的缺点是：

（1）不方便，不知道子元素高度时无法操作；

（2）可扩展性差，在父元素中添加其他内容时，父元素需要的高度也会变化。

2.给浮动元素的父级添加CSS样式float: left

给浮动元素的父级添加CSS样式float: left，为父级开启BFC，以解决高度塌陷的问题，运行结果如图5-18所示。CSS代码如下。

```
.box{
    border: 3px solid #f8a978;
    float: left;
}
```

图5-18 给浮动元素的父级添加CSS样式float: left

给浮动元素的父级添加CSS样式float: left清除浮动，这种方式看似撑开了父级的高度，但并不能解决问题，如图5-19所示，父级的父级同样面临高度塌陷的问题。此外，这两个元素浮动之后会脱离文档流，其他元素会顶替它们的位置，造成页面的混乱。因此，不推荐使用这种方式清除浮动。

图5-19 body元素高度未撑开

> **提示**　BFC是每个属性的隐藏样式。BFC是一个独立的布局环境，其中的元素布局不受外界影响。开启BFC的元素有以下特点：
> （1）开启了BFC的元素与其父元素的垂直外边距不会发生重叠；
> （2）开启了BFC的元素会包含其浮动的子元素；
> （3）开启了BFC的元素不会被浮动元素所覆盖。
> 要使一个HTML元素触发BFC，满足下列任意一个条件即可：
> （1）float的值不是none；
> （2）position的值不是static或relative；
> （3）display的值是inline-block、table-cell、flex、table-caption或inline-flex；
> （4）overflow的值不是visible。

3. 给浮动元素的父级元素添加CSS样式overflow: hidden

给浮动元素的父级元素添加CSS样式overflow: hidden，为父级开启BFC，运行结果如图5-20所示。代码如下。

```
.box{
    border: 3px solid #f8a978;
    overflow: hidden;
}
img{
    height: 300px;
    float: left;

}
```

图5-20 给浮动元素的父级元素添加CSS样式overflow: hidden

overflow属性规定，当内容溢出元素框时隐藏溢出的内容。给浮动元素的父级元素添加CSS样式overflow: hidden有时会影响元素的样式。在使用这种方式解决高度塌陷的问题之前需要考虑实际需要。

5.4.3 使用伪类清除浮动

在浮动元素后（父级元素中）添加一个带有 clear:both 属性的没有内容的块元素（可以是 div、br 等元素）即可清除浮动。

> **提示** 添加的元素必须是块元素，因为 clear:both 只作用于块元素。

方案一：在浮动元素下面创建一个 div 元素，设置 clear:both，如图 5-21 所示，可以解决父级元素高度塌陷的问题，之后把新增 div 中的内容删掉即可，不影响页面的内容，但这种方法不符合 W3C 标准中结构、样式、行为三者分离的要求。CSS 代码如下。

```css
.box{
   border: 3px solid #f8a978;
}
img{
   height: 300px;
   loat: left;
}
.block{
   clear: both;
}
```

HTML 代码如下。

```html
<div class="box">
   <img src="img/cats.jpg" alt=""/>
   <div class="block">
       添加的元素
   </div>
</div>
```

图5-21 添加块元素

方案二：伪类清除浮动——万能清除法。

为了解决方案一不符合W3C标准的缺陷，引入伪元素的概念。

CSS伪元素用于向某些选择器设置特殊效果，CSS伪元素有4类，如表5-3所示。

表5-3　CSS伪元素

属性	描述
:first-letter	向文本的第一个字母添加特殊样式
:first-line	向文本的首行添加特殊样式
:before	在元素之前添加内容
:after	在元素之后添加内容

【例5-6】

创建一个class名为box的div元素，内部包含一个div元素，内容为"Hi，"，使用伪元素在后面加上文本"CSS"。CSS代码如下。

```
body{
    color: #606266;
    font-size: 30px;
}
.box:after{
    content: "CSS";
}
```

HTML代码如下。

```
<div class="box">
    <div>
        Hi,
    </div>
</div>
```

在浏览器中打开开发者模式，可以看到在box内部的最后位置，添加了内容为"CSS"的伪元素，如图5-22所示。

图5-22 使用:after添加内容

利用伪元素:after解决高度塌陷的问题。CSS代码如下。

```css
.box{
   border: 3px solid #f8a978;
}
img{
   height:300px;
   float: left;
}
.box:after{
   content: "在浮动元素后面创建一个伪元素";
   display: block;
   clear: both;
}
```

HTML代码如下。

```html
<div class="box clearfix">
   <img src="img/cats.jpg" alt=""/>
</div>
```

这种方法只是将方案一中的空标签改为用:after创建的伪元素，同样是使用clear: both清除浮动。

用:after在浮动元素后面创建一个伪元素，content属性中规定这个伪元素的内容，设置display: block，将伪元素设为块元素，设置clear: both，清除伪元素的左右浮动，运行结果如图5-23所示。

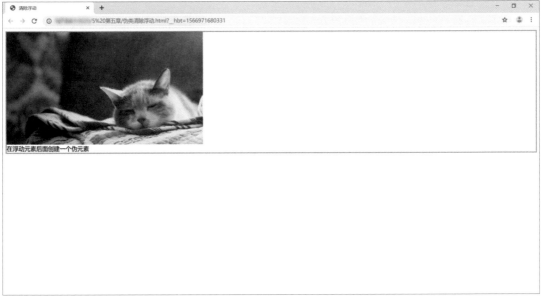

图5-23 清除伪元素的左右浮动

将内容改为空，即content: ""，运行结果如图5-24所示。

图5-24 内容设为空字符串

　　这种方法遵循了W3C标准中结构、样式、行为三者分离的要求，是目前最常用的清除浮动以解决高度塌陷的方法。一个页面上往往有多个需要清除浮动的元素，所以通常将这种方法命名为clearfix，之后在使用中给需要清除浮动的元素添加clearfix类名即可。CSS代码如下。

```
.clearfix:after{
  clear: both;
  display: block;
  content: "";
}
```

5.5 实战练习

　　本节练习网页制作中常用的浮动布局形式，讲解浮动布局在实际使用中需要注意的事项。

【例5-7】

用浮动属性完成如图5-25所示的导航栏布局。

要求：

（1）标志与导航在页面的左侧，按钮位于页面最右侧；

（2）导航栏中的元素都垂直居中；

（3）按钮中的文字水平居中；

（4）使用浮动属性，请不要用内联块代替浮动；

（5）按钮颜色分别为#28292a、#ffd40d。

 品牌讯息　服务指南　工厂信息　公司简介　招聘

图5-25 导航栏

制作页面之前，要学会分析页面需求。

如图5-26所示，导航栏分为3部分，包括标志、导航、用户按钮。在新手阶段，推荐使用色块表示结构，确保结构正确之后再往里面填充内容。遇到问题时，使用开发者工具检查是最佳的解决方法。

 品牌讯息　服务指南　工厂信息　公司简介　招聘

图5-26 导航栏拆分

制作导航栏的具体步骤如下。

（1）在页面中引入reset.css文件，清除默认样式，HTML代码如下。

```
<link rel="stylesheet" href="CSS/reset.css" />
```

（2）设置公共CSS样式。CSS代码如下。

```
/* 公共属性 */
    .fl{
       float: left;
    }
    .fr{
       float: right;
    }
/* 公共属性 */
```

> **提示**　使用浮动属性时，为了避免页面频繁出现相同的CSS语句，一般将浮动语句与清除浮动的语句都写成公共CSS样式。使用的时候，只需要在元素的class属性中添加对应的class名即可。

（3）创建最外层盒子。

在页面中创建一个div元素，class名为nav，表示整个导航栏，设置高度和下边框。为了更清楚地看到内容在整个导航栏中的位置，添加临时的背景颜色，运行结果如图5-27所示。CSS代码如下。

```
.nav{
  height: 88px;
  border-bottom:2px solid #e8e8e8 ;
  background-color: #fdf5de;
}
```

HTML代码如下。

```
<div class="nav clearfix"></div>
```

图5-27 创建最外层盒子

（4）分别在HTML结构中创建3个元素，标志与导航向左浮动，用户按钮向右浮动，为了查看它们的位置，设置宽、高与背景颜色，运行结果如图5-28所示。

提示　使用浮动之后，要给浮动元素的父级元素清除浮动，否则会造成高度塌陷。

HTML代码如下。

```html
<div class="nav clearfix">
   <div class="logo fl">
      图片
   </div>
   <div class="main fl">
      导航
   </div>
   <div class="user fr">
      按钮
   </div>
</div>
```

CSS代码如下。

```css
.nav{
   height: 88px;
   border-bottom:2px solid #e8e8e8 ;
   margin-top: 100px;
   background-color: #fdf5de;
}
.nav .logo{
   margin: 0 0 0 80px;
   width: 100px;
   height: 88px;
   background-color: #f9809f;
}
.nav .main{
   margin-left: 60px;
   width: 100px;
   height: 88px;
   background-color: #2fbdbf;
}
.nav .user{
   margin: 0 16px 0 60px;
   width: 100px;
   height: 88px;
   background-color: #86d5bf;
}
```

图5-28 用色块标识各部分的位置

（5）检查色块位置是否正确，在色块中填充详细内容，如图5-29所示。HTML代码如下。

```html
<div class="nav clearfix">
   <div class="logo fl">
      <img src="img/logo1.jpg" alt=""/>
   </div>
   <div class="main fl">
      <a href=""> 品牌讯息 </a>
      <a href=""> 服务指南 </a>
      <a href=""> 工厂信息 </a>
      <a href=""> 公司简介 </a>
      <a href=""> 招聘 </a>
   </div>
   <div class="user fr">
      <a href="" class="fl"> 联系我们 </a>
      <a href="" class="fl"> 登录 </a>
   </div>
</div>
```

图5-29 填充内容

（6）删掉之前为色块临时设置的宽度，由于设置了浮动属性，宽度由子元素撑开，如图5-30所示。CSS代码如下。

```css
.nav .logo{
   margin: 0 0 0 80px;
   height: 88px;
   background-color: #f9809f;
}
.nav .main{
   margin-left: 60px;
   height: 88px;
   background-color: #2fbdbf;
}
.nav .user{
   margin: 0 16px 0 60px;
   height: 88px;
   background-color: #86d5bf;
}
```

图5-30 宽度由内容撑开

（7）使元素垂直居中。

给色块添加CSS属性line-height，当line-height与height相等时，元素垂直居中显示，如图5-31所示。CSS代码如下。

```
.nav .logo{
    margin: 0 0 0 80px;
    height: 88px;
    line-height: 88px;
    background-color: #f9809f;
}
.nav .main{
    margin-left: 60px;
    height: 88px;
    line-height: 88px;
    background-color: #2fbdbf;
}
.nav .user{
    margin: 0 16px 0 60px;
    height: 88px;
    line-height: 88px;
    background-color: #86d5bf;
}
```

图5-31 元素垂直居中显示

（8）调整细节部分的CSS样式，如图5-32所示。CSS代码如下。

```
.nav .main a{
    text-decoration: none;
    margin: 0 12px;
}
.nav .user a{
    font-size: 14px;
    width: 100px;
    height: 40px;
    line-height: 40px;
    text-align: center;
    text-decoration: none;
    border-radius: 18px;
    margin: 22px 0;
}
.nav .user a:nth-of-type(1){
    background-color: #28292a;
    margin-right: 20px;
    color: #ffffff;
}
.nav .user a:nth-of-type(2){
    background-color: #ffd40d;
    color: #000000;
}
```

图5-32 调整细节部分的CSS样式

（9）删除多余的背景颜色，如图5-33所示。CSS代码如下。

```
.nav{
   height: 88px;
   border-bottom:2px solid #e8e8e8 ;
   margin-top: 100px;
}
.nav .logo{
   margin: 0 0 0 80px;
   height: 88px;
   line-height: 88px;
}
.nav .main{
   margin-left: 60px;
   height: 88px;
   line-height: 88px;
}
.nav .user{
   margin: 0 16px 0 60px;
   height: 80px;
   line-height: 88px;
}
```

 品牌讯息　服务指南　工厂信息　公司简介　招聘　　　　　　

图5-33 删除背景色块

【例5-8】

使用浮动属性制作如图5-34所示的淘抢购模块。制作过程中要遵循从外到内、先整体后细节的顺序。

图5-34 淘抢购模块

淘抢购模块由两大部分组成，包括图片部分（.img）和详情部分（.info），如图5-35的黄色框所示。其中，详情部分又分为5个小部分，分别是标题（.title）、补充信息（.info-detail）、进度条（.progress）、售出信息（.sold）、价格（.price），如图5-35的蓝色框所示。页面结构如图5-36所示。

图5-35 淘抢购模块拆分

```
.page
   .img
   .info
       .title
       .info-detail
       .bar
       .sold
       .price
```

图5-36 结构分析

制作淘抢购模块的步骤如下。

（1）引入reset.css清除默认样式，将浮动与清除浮动写成公共样式引入。

引入reset.css的HTML代码如下。

```
<link rel="stylesheet" href="css/reset.css" />
```

reset.css代码如下。

```
body,ul,ol,li,p,h1,h2,h3,h4,h5,h6,form,fieldset,table,td,img,div{margin
:0;padding:0;border:0;}
ul,ol{list-style:none;}
select,input,img,select{vertical-align:middle;}
a{text-decoration:none;}
a:link{color:#009;}
a:visited{color:#800080;}
a:hover,a:active,a:focus{color:#c00;text-decoration:underline;}
```

浮动相关的CSS代码如下。

```
.fl{
   float: left;
}
.fr{
   float:right;
}
.clearfix:after{
   clear: both;
   display: block;
   content: :"";

}
```

（2）在HTML文件中创建一个div元素用于包裹将要完成的全部内容（.page），在里面写出代表图片和详情的两个div元素，一般使用背景颜色填充的方法来直观判断两部分内容的位置，如图5-37所示。CSS代码如下。

```
.page{
   width: 395px;
   height: 180px;
   border: 1px solid #000000;
}
.img{
   width: 180px;
   height: 180px;
   background-color: #dcc6b9;
}
.info{
   width: 180px;
   height: 180px;
   background-color: #f5dd87;
   margin-left: 34px;
}
```

HTML 代码如下。

```
<div class="page clearfix">
   <div class="img fl">

   </div>
   <div class="info fl">

   </div>
</div>
```

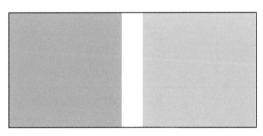

图5-37 用色块表示结构位置

（3）填充两个色块中的内部结构，加上合适的CSS样式，如图5-38所示。HTML代码如下。

```
<div class="page clearfix">
   <div class="img fl">
      <img src="img/taobao.jpg" alt=""/>
   </div>
   <div class="info fl">
      <p class="title">[ 限时 89 元 ] 天猫精灵方糖 </p>
      <p class="info-detail">力生 110，套装更优惠 </p>
      <div class="progress"></div>
      <p class="sold clearfix">
         <span class="fl">10%</span>
         <span class="fr"> 已枪 1105 件 </span>
      </p>
      <p class="price">
         <span> ￥ </span>
         <span>89</span>
         <span class="price">$199.00</span>
      </p>
   </div>

</div>
```

图5-38 添加内容

（4）为.info中的.title与.info-detail添加适当的CSS样式，如图5-39所示。CSS代码如下。

```
.title{
   width:161px;
   font-size:16px;
   line-height:22px;
   margin-top:11px;
}
.info-detail{
   margin-top:12px;
   line-height:28px;
   font-size:12px;
   color:#989898;

}
```

图5-39 添加样式

（5）制作进度条（.progress）。

如图5-40所示，进度条（.progress）由一个粉色的框包含一个红色的小块组成。创建两个嵌套的div元素，运行结果如图5-41所示。HTML代码如下。

图5-40 进度条（.progress）

```
<div class="progress">
   <div class="sold"></div>

</div>
```

CSS代码如下。

```
.progress{
   background-color: #FFE4Dc;
   width: 159px;
   height: 6px;
}
.progress .sold{
   width: 30%;
   height: 6px;
   background-color: red;

}
```

图5-41 创建两个嵌套的div元素

用border-radius为粉色外框制造圆角效果，用overflow:hidden隐藏红色小块超出父级的部分，运行结果如图5-42所示。CSS代码如下。

```
.progress{
    background-color: #FFE4Dc;
    width: 159px;
    height: 6px;
    border-radius: 3px;
    overflow: hidden;

}
```

图5-42 增加圆角效果

（6）制作已售部分（.sold），如图5-43所示。

10%　　　　　　已抢1105件

图5-43 已售部分（.sold）

已售部分（.sold）由两部分文字组成，并且位于div框的左右两侧。根据结构选择两个span元素，用float将它们分别向左、向右浮动。使用浮动之后，一定要记得给浮动元素的父级清除浮动。CSS代码如下。

```
.sold{
    color: #FE3338;
    line-height: 28px;
    height: 28px;
    font-size: 12px;
}
```

HTML 代码如下。

```
<p class="sold clearfix">
    <span class="fl">10%</span>
    <span class="fr"> 已枪 1105 件 </span>
</p>
```

（7）制作价格部分（.price），如图5-44所示。

¥ 89　¥199.00

图5-44 价格部分（.price）

价格部分（.price）根据字体的大小和样式不同，分为3个span标签，设置对应的颜色及字体大小。要注意的是，原价格上的删除线可以使用CSS样式中的中划线text-decoration:line-through实现。CSS代码如下。

```
.price span:nth-of-type(1){
   font-size:12px;
   color:red;
}
.price span:nth-of-type(2){
   font-size:19px;
   color:#ff6113;
}
.price span:nth-of-type(3){
   font-size:12px;
   color:#989898;
   text-decoration:line-through;
   margin-left:6px;

}
```

5.6 页面布局的建议

本节内容将以本章任务为例，提供一些关于页面布局的建议。

进行页面布局时需要遵守从大到小、从整体到细节的顺序，先将同类的内容系统分块，完成大的布局，然后再填充细节。

在开始布局之前，创建一个div元素用于承载页面的所有内容。好比空地上有很多物品，为了方便管理和维护这些物品，将它们放进一个房子里面。最外层的div元素就是这个房子，HTML代码如下。

图5-45 整体结构

```
<body>

   <div class="page"></div>
</body>
```

接下来，根据物品的位置和种类不同，将它们装进不同的房间里面。图5-45中的黄框部分是网页的头部，包括标题、按钮等内容，设置class名为header；绿框部分是整个页面的主体部分，设置class名为main；最下方的蓝框部分是页面的尾部，设置class名为footer。将页面分块，有利于增强页面的可管理性和可维护性。HTML代码如下。

```
<body>

  <div class="page">
     <div class="header"></div>
```

```
      <div class="main"></div>
      <div class="footer"></div>
   </div>

</body>
```

如图5-46所示，要想让导航栏居中，需要先设置整个导航栏的宽度，再设置CSS样式margin: 0 auto使导航栏整体居中。CSS代码如下。

```
.main .nav{
   width:180px;
   margin:0 auto;
}
```

HTML代码如下。

```
<body>

   <div class="page">
      <div class="header"></div>
      <div class="main">
         <div class="nav"></div>
      </div>
      <div class="footer"></div>
   </div>

</body>
```

图5-46 导航栏居中

思考与练习

一、填空题

1. 设置CSS属性clear的值为（　　）时可清除左右两边浮动。

2. 设置CSS属性float的值为（　　）时可取消元素的浮动。

二、单选题

1. 浮动会导致页面的非正常显示，以下清除浮动的方法中，哪项是不推荐使用的？（　　）

A. 在浮动元素末尾添加一个空的标签，如

B. 通过设置父元素overflow值为hidden

C. 给父元素也设置浮动

D. 给父元素添加clearfix类

2. CSS中clear的作用是什么？（　　）

A. 清除该元素所有样式

B. 清除该元素父元素的所有样式

C. 指明该元素周围不可出现浮动元素

D. 指明该元素的父元素周围不可出现浮动元素

实践题

请完成本章开头的"本章任务"，如图5-47所示。

图5-47 个人摄影博客

第6章 定位
——实现元素的叠加

浏览网页时经常会遇到这样的情况：无论怎样滚动页面，网页的导航栏始终位于浏览器可视区域的最上方；将鼠标指针移动到导航栏的某一项上面时，在下方弹出导航的子列表。这些效果都可以通过定位来实现。

元素的定位功能很强大，可以使元素相对于自身、父级元素、甚至浏览器出现在指定的位置上；还可以实现多个元素相互堆叠展示，并控制它们堆叠的顺序。

本章将讲解元素的定位、定位的层级、透明度等知识。

本章任务

使用元素的定位功能，制作如图6-1所示的页面。

要求：

（1）标签语义化；

（2）导航的位置显示在图片上面，半透明背景色为（0，0，0，0.4）；

（3）当鼠标指针移动到图片上时，图片上出现半透明绿色遮罩层，遮罩层上图标正确分布，如图6-2所示；

（4）右下角始终有一个"返回顶部"按钮，位置不随页面的滚动而变化，始终出现在页面右下角，单击该按钮可以回到页面的顶部，如图6-2所示。

图6-1 页面效果图

图6-2 当鼠标指针移动到图片上时

6.1 定位的position属性

除了继承之外，还可以通过position属性选择4种不同的定位，position的属性值将影响元素框生成的方式，position属性的值如表6-1所示，定位的其他相关属性如表6-2所示。

表6-1 position属性的值

值	描述
absolute	生成绝对定位的元素，相对于static定位以外的第一个父元素进行定位，元素的位置通过left、top、right以及bottom属性进行规定
fixed	生成绝对定位的元素，相对于浏览器窗口进行定位，元素的位置通过left、top、right以及bottom属性进行规定
relative	生成相对定位的元素，相对于其正常位置进行定位，元素的位置通过left、top、right以及bottom属性进行规定
static	默认值，没有定位，元素出现在正常的流中（忽略top、bottom、left、right、z-index属性）
inherit	从父元素继承position属性的值

表6-2 定位的其他相关属性

属性	描述	CSS
position	规定元素的定位类型	2
left	设置定位元素左外边距边界与定位块左边界之间的偏移	2
right	设置定位元素右外边距边界与定位块右边界之间的偏移	2
top	设置定位元素上外边距边界与定位块上边界之间的偏移	2
bottom	设置定位元素下外边距边界与定位块下边界之间的偏移	2
z-index	设置元素的堆叠顺序，即元素的层级	2

6.2 层级

　　绝对定位和相对定位都可以提升元素的层级。元素发生堆叠时，按照普通文档流中的规律，后面的元素显示在前面的元素上面。在定位中，层级高的元素显示在层级低的元素上面，元素的层级默认为1。

　　元素的层级通过z-index属性设置。拥有更高层级的元素总是会处于层级低的元素上面。

【例6-1】

　　创建一个类名为box的div框，设置相对定位。div中有一段文字和一张图片，均为绝对定位。代码如下。

```
<style>
  body{
    margin:0;
    padding:0;
  }
  .box{
    width:200px;
    height:300px;
    border:2px solid #c0bcbb;
    font-size:30px;
  }
  img{
    height:300px;
    position:absolute;
  }

  p{
    position:absolute;
  }
</style>
<body>
  <div class="box">
    <p>秋天的原野</p>
    <img src="img/tree.jpg" alt="" />
  </div>

</body>
```

　　没有设置层级时，后面的元素显示在前面的元素上面，即图片覆盖文字，如图6-3所示。

　　在结构不变化的情况下，想要达到文字在图片上方的效果，只需要给文字设置CSS样式z-index:2即可，如图6-4所示。CSS代码如下。

```
p{
  position:absolute;
  z-index:2;
}
```

图6-3 图片覆盖文字　　　　　图6-4 提升文字层级

6.3 相对定位

如果对一个元素进行相对定位（position: relative），它并不会发生变化。可以通过设置垂直（top、bottom）或水平（left、right）位置，让这个元素相对于它的起点进行移动。

相对定位控制位置的属性包括top、right、bottom、left，定位元素偏移量。

【例6-2】

如图6-5所示，创建3个div元素，从上到下依次为box1、box2、box3，宽高均为100px。代码如下。

```
<body>
  <div class="page">
    <div class="box1">1</div>
    <div class="box2">2</div>
    <div class="box3">3</div>
  </div>
</body>
```

图6-5 3个div元素

要求仅调整元素的CSS样式，使box2移动到box3的右侧，得到如图6-6所示的效果。

尝试用margin来实现，给box2添加CSS样式margin-right: 100px; margin-bottom: 100px，得到如图6-7所示的效果。显然，受限于文档流从上到下、从左到右的顺序，只调整CSS样式无法达到如图6-6所示的效果。

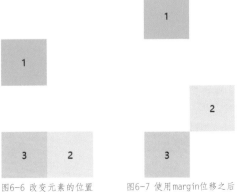

图6-6 改变元素的位置　　　　图6-7 使用margin位移之后

有没有一种办法，只移动box2，而不使box3跟着移动呢？

给box2设置相对定位position: relative就可以做到这一点。仅设置相对定位时，box2不会出现任何变化。为box2设置位移top: 100px; left: 100px，使box2相对原来位置向下向右移动100px，如图6-8所示。代码如下。

```
.box2{
    width:100px;
    height:100px;
    background-color:#f5eab2;
    position:relative;
    left:100px;
    top:100px;
}
```

在相对定位的情况下，box2的移动并没有影响到box3的位置。这是因为相对定位提升了box2的层级，使box2和box3不在一个层级上。另外，因为元素并没有脱离文档流，所以元素发生相对位移之前的位置被保存了下来，这一点区别于元素的浮动属性。

相对定位的特点：

（1）不影响元素本身的特性；

（2）使元素不脱离文档流（元素移动之后，其原始位置会被保留）；

（3）如果没有设置定位偏移量，对元素本身没有任何影响；

（4）提升层级。

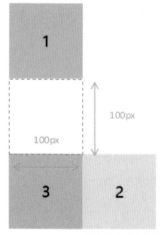

图6-8 位移示意图

6.4 绝对定位

绝对定位（position: absolute）的元素的位置是相对于"最近的除static外已定位祖先元素"定位的，如果元素没有已定位的祖先元素，那么它的位置是相对于最外层的元素（HTML元素）定位的。

【例6-3】

把例6-2中的相对定位改为绝对定位，观察浏览器中的页面发生了哪些变化。代码如下。

```
.box2{
    width:100px;
    height:100px;
    background-color:#f5eab2;
    position:absolute;
    left:100px;
    top:100px;
}
```

如图6-9所示，将box2从相对定位改为绝对定位之后，box2和box3的位置都发生了变化。

图6-9 绝对定位

变化的原因：

（1）给元素设置绝对定位后，元素会脱离文档流。box2脱离了文档流，box3在文档中的布局就像box2不存在一样，所以出现上移；

（2）box2移动时的参考系发生变化。给元素设置绝对定位时，box2并没有已定位的父级元素，所以它是相对于最外层的HTML元素定位的。

box2的位置有所偏移，是因为没有清除body的默认margin值导致的。清除body的margin值，或给body加上相对定位使其成为box2的定位父级元素，这两种方法都可以消除偏移的问题，得到如图6-10所示的效果。

方法一：清除body元素的默认样式。CSS代码如下。

```
html,body{
   margin:0;
   padding:0;
}
```

方法二：给body元素设置相对定位，使其成为box2的定位父级。CSS代码如下。

```
body{
   position:relative;
}
```

图6-10 浏览器显示效果

要使用绝对定位完成如图6-7所示的布局，需要相对于定位父级移动box2和box3两个元素的位置。在绝对定位中，位移与元素原先的位置完全没有关系，只与参考父级的位置有关系。代码如下。

```
body{
    position:relative;
}
.box2{
    width:100px;
    height:100px;
    background-color:#f5eab2;
    position:absolute;
    left:100px;
    top:200px;
}
.box3{
    width:100px;
    height:100px;
    background-color:#b7d5e0;
    position:absolute;
    left:0;
    top:200px;
}
```

浏览器显示效果如图6-11所示。

图6-11 浏览器显示效果

绝对定位的特点：

（1）没有设置偏移量时，元素的位置不发生改变；

（2）使元素完全脱离文档流；

（3）内联元素支持宽高；

（4）块元素默认由内容撑开宽度；

（5）有定位父级，相对于离自己最近的祖先元素偏移。没有定位父级，相对于document（<html>元素）发生偏移；

（6）相对定位一般都是配合绝对定位使用；

（7）提升层级。

6.5 固定定位

固定定位（position: fixed）是相对于浏览器的窗口进行的定位，即使页面滚动，固定定位元素在视窗中的位置也不会发生变化。固定定位元素的位置通过left、top、right、bottom属性进行规定。

固定定位常用于网页导航、详情页中的置顶按钮等。如图6-12所示，黄线圈出的部分是一个置顶按钮，无论页面滚动到什么位置，置顶按钮始终位于页面右侧的中间位置。

图6-12 淘宝店铺页面中的置顶按钮

【例6-4】

仿照淘宝的置顶按钮，完成一个固定定位的案例。在页面上创建一个类名为page的盒子，设置其高度为2000px。在page中创建一个back按钮，效果如图6-13所示。代码如下。

```
<style>
  .back img{
    width:50px;
    height:50px;
    }
  .page{
    height:2000px;
    }
</style>
<body>
    <div class="page">
      <div class="back">
        <img src="img/back.png" alt="" />
      </div>
    </div>
</body>
```

155

图6-13 在page中创建一个back按钮

给div元素back设置绝对定位，CSS代码如下。

```
.back img{
    width:50px;
    height:50px;
}
.page{
    height:2000px;
}
.back{
    position:fixed;
    right:20px;
    top:300px;

}
```

拖动滚动条时，back按钮相对于浏览器窗口并不发生变化，浏览器显示效果如图6-14、图6-15所示。

图6-14 固定定位

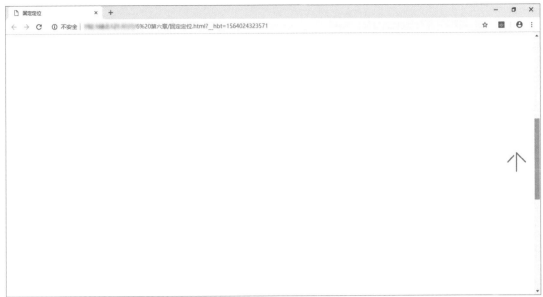

图6-15 拖动滚动条

6.6 透明度

在很多场景中，页面会有改变元素透明度的需求。例如，新闻网站会使用半透明遮罩层显示新闻标题和按钮，如图6-16所示；视频网站会使用半透明遮罩层显示视频播放时长，如图6-17所示；还可以变化图片的透明度实现图片悬停效果，如图6-18所示。

opacity和rgba(r, g, b, a)都能改变元素的透明度，两种方式适用于不同的场景。

图6-16 半透明遮罩层显示标题和按钮　　　图6-17 半透明遮罩层显示播放时长

6.6.1 opacity

opacity设置整个元素的透明度，并且会被子元素继承。语法如下。

```
opacity: value(0-1);
```

提示　　IE8以及更早的版本支持替代的filter属性，属性值为0~100。例如，filter:alpha(opacity=50)。

opacity可以改变图片的透明度，利用这个特性可以完成图片的悬停效果。

【例6-5】

创建3张图片，并设置透明度为0.3，效果如图6-18所示。代码如下。

```
<style>
    img{
        height:200px;
        opacity:0.3;
    }
</style>
</head>
<body>
    <div class="page">
        <img src="img/animal1.jpg" alt="" />
        <img src="img/animal2.jpg" alt="" />
        <img src="img/animal3.jpg" alt="" />
    </div>

</body>
```

图6-18 半透明图片

鼠标指针移到图片上时，将该图片的透明度设为不透明，完成图片的选定效果，如图6-19所示。代码如下。

```
img:hover{
    opacity:1;

}
```

图6-19 图片悬停

【例6-6】

创建一个div元素，class名为box，背景色为黑色。在box的内部创建一个span元素，填入文字，文字颜色为红色，效果如图6-20所示。HTML代码如下。

图6-20 黑底红字

```
<style>
    .box{
        width:300px;
        height:100px;
```

```
        text-align:center;
        background-color:#000000;
    }
    .box span{
        color:red;
    }
</style>
<body>
    <div class="box">
        <span> 元素一定会从父级继承 opacity 属性值 </span>
    </div>

</body>
```

给box设置CSS样式,将透明度设置为0.1,效果如图6-21
所示。可以看到box及其子级span元素中的文字都变为半透明状
态,文字继承了box框的透明度属性值。代码如下。

图6-21 添加透明度属性

```
.box{
    width:300px;
    height:100px;
    text-align:center;
    background-color:#000000;
    opacity: 0.3;

}
```

6.6.2 rgba(r, g, b, a)

rgba(r, g, b, a)是颜色相关属性的属性值,色彩模式与RGB相同,只是在RGB模式上新增了
Alpha透明度。语法如下。

```
background-color:rgba(r,g,b,a);
color:rgba(r,g,b,a);
```

取值如下。

r: 红色值,正整数或百分数。g: 绿色值,正整数或百分数。

b: 蓝色值,正整数或百分数。a: Alpha透明度,取值0~1之间。

【例6-7】

制作如图6-22所示的视频遮罩层。

要求:

(1)鼠标指针移动到图片上时,遮罩层出现;

(2)遮罩层上的透明度为0.4;

(3)遮罩层上的文字为不透明。

图6-22 视频遮罩层

创建一个div元素，名为box，在box里创建一个img元素，效果如图6-23所示。代码如下。

```
<style>
    .box img{
        width:300px;
    }
</style>
<body>
    <div class="box">
            <img src="img/ 镇魂街 .jpg" alt=" 镇魂街 " />
    </div>
</body>
```

图6-23 在box里创建一个img元素

若想在图片上加遮罩层，在box内创建div元素，相对于box绝对定位，效果如图6-24所示。CSS代码如下。

```
.box{
    position:relative;
}
.box .cover{
    width:300px;
    height:50px;
    text-align:center;
    line-height:50px;
    position:absolute;
    bottom:0;
    color:#ffffff;
}
```

HTML 代码如下。

```
<body>
    <div class="box">
        <img src="img/ 镇魂街 .jpg" alt=" 镇魂街 " />
        <div class="cover">
            镇魂街第二季——故人归来
        </div>
    </div>
</body>
```

图6-24 在图片上加遮罩层

将遮罩层cover的背景色设为透明度为0.2的黑色，这一步可以使用opacity和rgba(r, g, b, a)两种方法实现。不同的是，opacity会将遮罩层的背景和字体颜色都变为半透明，而rgba(r, g, b, a)可以仅改变背景的透明度，而不影响字体颜色。所以，根据字体不透明的要求，选用rgba(r, g, b, a)设置背景色，效果如图6-25所示。CSS代码如下。

```
.box .cover{
    width:300px;
    height:50px;
    text-align:center;
```

```
    line-height:50px;
    position:absolute;
    bottom:0;
    color:#ffffff;
    background-color:rgba(0,0,0,0.4);

}
```

镇魂街第二季——故人归来

图6-25 背景半透明

opacity和rgba(r, g, b, a)的区别：

（1）opacity是属性，rgba(r, g, b, a)是属性值；

（2）有opacity属性的元素，其子元素会继承透明属性，rgba(r, g, b, a)没有这种情况；

（3）opacity属性设置整个元素的透明度，包括图片、背景、字体颜色的透明度；rgba(r, g, b, a)则根据应用它的属性，设置对应的透明效果。例如，background-color:rgba(r,g,b,a)仅设置背景颜色的透明效果，而不影响字体颜色。

思考与练习

一、单选题

1. 下面哪个属性不会让div脱离文档流（normal flow）？（   ）

A. position: absolute;　　　　B. position: fixed;

C. position: relative;　　　　D. float: left;

2. 下述有关CSS属性position的属性值的描述，说法错误的是哪个？（   ）

A. static：没有定位，元素出现在正常的流中

B. fixed：生成绝对定位的元素，相对于父元素进行定位

C. relative：生成相对定位的元素，相对于元素本身正常位置进行定位

D. absolute：生成绝对定位的元素，相对于static定位以外的第一个祖先元素进行定位

二、简答题

1. 如何居中一个浮动元素？

2. rgba()和opacity的透明效果有什么不同？

3. 列出display和position的值，说明它们的作用。position的值relative和absolute分别是相对于谁进行定位的？

4. 如何实现给父元素设置透明度，但是不希望其子元素继承该透明度的页面效果？

实践题

请完成本章开头的"本章任务",如图6-26和图6-27所示。

图6-26 页面效果图

图6-27 当鼠标指针移动到图片上时

第7章 表格与表单
——信息展示与信息采集

表格与表单是两种特殊的页面结构。表格用来展示数据，表单用来输入和传递信息。随着互联网技术的发展，表格与表单都发生了巨大的变化。table布局曾被大量使用，后被DIV+CSS所取代，但表格并没有被淘汰，仍然发挥着数据展示的作用。表单由开始的烦琐臃肿变得越来越简单便捷，在信息搜索和信息采集方面发挥着重要的作用。

本章任务

任务一：制作图 7-1 所示的天气预报表格。

要求：

（1）标签语义化；（2）区分表头、表主体；（3）合并单元格。

任务二：制作图 7-2 所示的登录表单。

要求：

（1）登录块在整个页面中的水平方向和垂直方向都居中显示；

（2）设置输入框前的图标以及提示信息的样式。

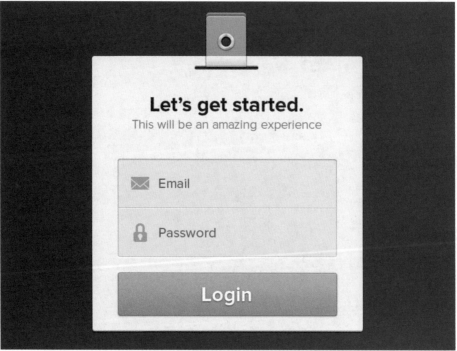

图7-1 天气预报表格

图7-2 登录表单

7.1 表格

表格是一种整理数据的手段，同时也是一种可视化的交流模式。

本节将以一张最常见的课程表为例，阐述表格的标签与使用方法。表格相关的标签如表7-1所示。

表7-1 表格相关的标签

标签	描述
<table>	定义表格
<caption>	定义表格标题
<th>	定义表格的表头
<tr>	定义表格的行
<td>	定义表格单元
<thead>	定义表格的页眉
<tbody>	定义表格的主体
<tfoot>	定义表格的页脚
<col>	定义用于表格列的属性
<colgroup>	定义表格列的组

7.1.1 表格结构

所有表格中，最外层的都是table元素，table元素包裹整个表格的主体。tr元素表示一行表格，td元素表示一个单元格。td元素必须包含在tr元素的内部。

【例7-1】

创建表格，浏览器显示效果如图7-3所示。代码如下。

```
<table>
    <tr>
        <td> 星期一 </td>
        <td> 星期二 </td>
        <td> 星期三 </td>
        <td> 星期四 </td>
        <td> 星期五 </td>
    </tr>

</table>
```

星期一 星期二 星期三 星期四 星期五

图7-3 创建表格

了解表格的构成之后，把课程表的其他内容补充完整，得到一个内容相对完整的信息表，浏览器显示效果如图7-4所示。代码如下。

```
<table>
    <tr>
        <td> 星期一 </td>
        <td> 星期二 </td>
        <td> 星期三 </td>
        <td> 星期四 </td>
        <td> 星期五 </td>
```

```
        </tr>
        <tr>
            <td>离散数学</td>
            <td>大学物理</td>
            <td>高数</td>
            <td>大学英语</td>
            <td>WEB编程技术</td>
        </tr>
        <tr>
            <td>马克思主义哲学</td>
            <td>高数</td>
            <td>计算机基础</td>
            <td>高数</td>
            <td>物理实验</td>
        </tr>
        <tr>
            <td>线性代数</td>
            <td>大学物理</td>
            <td>电子电路</td>
            <td>马克思主义哲学</td>
            <td>心理学</td>
        </tr>

</table>
```

星期一	星期二	星期三	星期四	星期五
离散数学	大学物理	高数	大学英语	WEB编程技术
马克思主义哲学	高数	计算机基础	高数	物理实验
线性代数	大学物理	电子电路	马克思主义哲学	心理学

图7-4 补充内容

7.1.2 表格的边框

表格的边框在<table>标签中使用border属性来设置，border的值为数字，数字越大，边框的宽度越大，浏览器显示效果如图7-5所示。代码如下。

```
<table border="1">
```

星期一	星期二	星期三	星期四	星期五
离散数学	大学物理	高数	大学英语	WEB编程技术
马克思主义哲学	高数	计算机基础	高数	物理实验
线性代数	大学物理	电子电路	马克思主义哲学	心理学

图7-5 表格的边框

border-collapse的值如表7-2所示。

表7-2　border-collapse的值

值	描述
separate	默认值，边框会被分开，不会忽略 border-spacing 和 empty-cells 属性
collapse	如果可能，边框会合并为一个单一的边框，会忽略 border-spacing 和 empty-cells 属性
inherit	从父元素继承 border-collapse 属性的值

本着简洁的布局原则，通过改变CSS样式border-collapse将单元格之间的边框变为单边框。浏览器显示效果如图7-6所示。代码如下。

```
table{
    border-collapse:collapse;
}
```

星期一	星期二	星期三	星期四	星期五
离散数学	大学物理	高数	大学英语	WEB编程技术
马克思主义哲学	高数	计算机基础	高数	物理实验
线性代数	大学物理	电子电路	马克思主义哲学	心理学

图7-6 单边框

7.1.3 区分表格头部与表格主体

表格一般分为表格头部与表格主体两部分。在例7-1中，周一到周五为表格头部，具体课程信息为表格主体。

表格头部使用<thead>标签包裹，<thead>里面的单元格使用<th>标签表示，默认字体加粗。表格主体使用<tbody>标签包裹，<tbody>里面的单元格使用<td>标签表示。浏览器显示效果如图7-7所示。代码如下。

```
<table border="1">
    <thead>
        <tr>
            <th> 星期一 </th>
            <th> 星期二 </th>
            <th> 星期三 </th>
            <th> 星期四 </th>
            <th> 星期五 </th>
        </tr>
    </thead>
    <tbody>
        <tr>
            <td> 离散数学 </td>
            <td> 大学物理 </td>
            <td> 高数 </td>
            <td> 大学英语 </td>
            <td>WEB 编程技术 </td>
        </tr>
        <tr>
            <td> 马克思主义哲学 </td>
            <td> 高数 </td>
            <td> 计算机基础 </td>
            <td> 高数 </td>
            <td> 物理实验 </td>
        </tr>
        <tr>
            <td> 线性代数 </td>
            <td> 大学物理 </td>
            <td> 电子电路 </td>
            <td> 马克思主义哲学 </td>
            <td> 心理学 </td>
        </tr>
    </tbody>

</table>
```

星期一	星期二	星期三	星期四	星期五
离散数学	大学物理	高数	大学英语	WEB编程技术
马克思主义哲学	高数	计算机基础	高数	物理实验
线性代数	大学物理	电子电路	马克思主义哲学	心理学

图7-7 浏览器显示效果

为了区分上午和下午的课程信息，接下来学习怎样设置纵向的表头。

因为表格的排列都是成行计算的，并没有办法单独写一个纵向的表头。所以，将表头单元格<th>标签插入每一个行标签<tr>的第一位，将得到一个新的列，如图7-8所示。需要注意的是，如果单元格中没有内容，不可以直接写空标签<th>或</th>，必须使用空格符号" "占位。代码如下。

```
<table border="1">
   <thead>
      <tr>
         <th> </th>
         <th> 星期一 </th>
         <th> 星期二 </th>
         <th> 星期三 </th>
         <th> 星期四 </th>
         <th> 星期五 </th>
      </tr>
   </thead>
   <tbody>
      <tr>
         <th> 上午 </th>
         <td> 离散数学 </td>
         <td> 大学物理 </td>
         <td> 高数 </td>
         <td> 大学英语 </td>
         <td>WEB 编程技术 </td>
      </tr>
      <tr>
         <th> 上午 </th>
         <td> 马克思主义哲学 </td>
         <td> 高数 </td>
         <td> 计算机基础 </td>
         <td> 高数 </td>
         <td> 物理实验 </td>
      </tr>
      <tr>
         <th> 下午 </th>
         <td> 线性代数 </td>
         <td> 大学物理 </td>
         <td> 电子电路 </td>
         <td> 马克思主义哲学 </td>
         <td> 心理学 </td>
      </tr>
   </tbody>

</table>
```

	星期一	星期二	星期三	星期四	星期五
上午	离散数学	大学物理	高数	大学英语	WEB编程技术
上午	马克思主义哲学	高数	计算机基础	高数	物理实验
下午	线性代数	大学物理	电子电路	马克思主义哲学	心理学

图7-8 纵向表头

7.1.4 单元格合并

1. 跨行

为了使表格更加简洁，将第一列中的两个"上午"单元格合并，成为一个跨行的较长的单元格，如图7-9所示。语法如下。

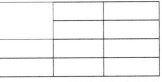

图7-9 跨行合并单元格

```
<td colspan="2"></td>
```

在需要合并的单元格上使用colspan属性，属性值为单元格需要跨行的数量，此时这个单元格占两列的高度，如图7-10所示。代码如下。

```html
<table border="1">
    <thead>
        <tr>
            <th> </th>
            <th> 星期一 </th>
            <th> 星期二 </th>
            <th> 星期三 </th>
            <th> 星期四 </th>
            <th> 星期五 </th>
        </tr>
    </thead>
    <tbody>
        <tr>
            <th rowspan="2"> 上午 </th>
            <td> 离散数学 </td>
            <td> 大学物理 </td>
            <td> 高数 </td>
            <td> 大学英语 </td>
            <td>WEB 编程技术 </td>
        </tr>
        <tr>
            <th> 上午 </th>
            <td> 马克思主义哲学 </td>
            <td> 高数 </td>
            <td> 计算机基础 </td>
            <td> 高数 </td>
            <td> 物理实验 </td>
        </tr>
        <tr>
            <th> 下午 </th>
            <td> 线性代数 </td>
            <td> 大学物理 </td>
            <td> 电子电路 </td>
            <td> 马克思主义哲学 </td>
            <td> 心理学 </td>
        </tr>
    </tbody>

</table>
```

	星期一	星期二	星期三	星期四	星期五	
上午	离散数学	大学物理	高数	大学英语	WEB编程技术	
上午		马克思主义哲学	高数	计算机基础	高数	物理实验
下午	线性代数	大学物理		电子电路	马克思主义哲学	心理学

图7-10 浏览器显示效果

如图7-10所示，两个"上午"单元格成功实现了跨行，纵向占据了两个单元格的位置，但导致整个表格多了一个单元格。因此，需要删除多余的单元格，或只删除内容使其不占空间。为了之后便于添加样式，选择仅删除内容的做法，浏览器显示效果如图7-11所示。代码如下。

```html
<table border="1">
    <thead>
        <tr>
            <th> </th>
            <th> 星期一 </th>
            <th> 星期二 </th>
            <th> 星期三 </th>
            <th> 星期四 </th>
            <th> 星期五 </th>
        </tr>
    </thead>
    <tbody>
        <tr>
            <th rowspan="2"> 上午 </th>
            <td> 离散数学 </td>
            <td> 大学物理 </td>
            <td> 高数 </td>
            <td> 大学英语 </td>
            <td>WEB 编程技术 </td>
        </tr>
        <tr>
            <td> 马克思主义哲学 </td>
            <td> 高数 </td>
            <td> 计算机基础 </td>
            <td> 高数 </td>
            <td> 物理实验 </td>
        </tr>
        <tr>
            <th> 下午 </th>
            <td> 线性代数 </td>
            <td> 大学物理 </td>
            <td> 电子电路 </td>
            <td> 马克思主义哲学 </td>
            <td> 心理学 </td>
        </tr>
    </tbody>

</table>
```

	星期一	星期二	星期三	星期四	星期五
上午	离散数学	大学物理	高数	大学英语	WEB编程技术
	马克思主义哲学	高数	计算机基础	高数	物理实验
下午	线性代数	大学物理	电子电路	马克思主义哲学	心理学

图7-11 删除多余单元格

2.跨列

跨列与跨行的用法相似，将colspan加在需要扩展的单元格上，属性值为需要跨越的列数。同样，需要删除多余的表格，如图7-12所示。语法如下。

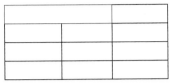

图7-12 跨列合并单元格

```
<th rowspan="2"></th>
```

7.1.5 带标题的表格

制作表格的标题非常简单，只需要将<caption>标签插入到<table>标签内部即可，浏览器显示效果如图7-13所示。代码如下。

```
<caption> 计算机专业课程表 </caption>
```

计算机专业课程表

	星期一	星期二	星期三	星期四	星期五
上午	离散数学	大学物理	高数	大学英语	WEB编程技术
	马克思主义哲学	高数	计算机基础	高数	物理实验
下午	线性代数	大学物理	电子电路	马克思主义哲学	心理学

图7-13 表格的标题

7.1.6 美化表格

本小节的目标是，将上面完成的课程表用CSS样式美化至如图7-14所示的效果。步骤如下。

计算机专业课程表
Course Schedule for Computer Major

	星期一	星期二	星期三	星期四	星期五
上午	离散数学	大学物理	高数	大学英语	WEB编程技术
	马克思主义哲学	高数	计算机基础	高数	物理实验
下午	线性代数	大学物理	电子电路	马克思主义哲学	心理学

图7-14 美化效果图

（1）设置背景色，给整个<table>表格设置上边距并水平居中，效果如图7-15所示。代码如下。

```
body{
  background-color:#efedec;
}
table{
  margin:100px auto;
```

```
    border-collapse:collapse;

}
```

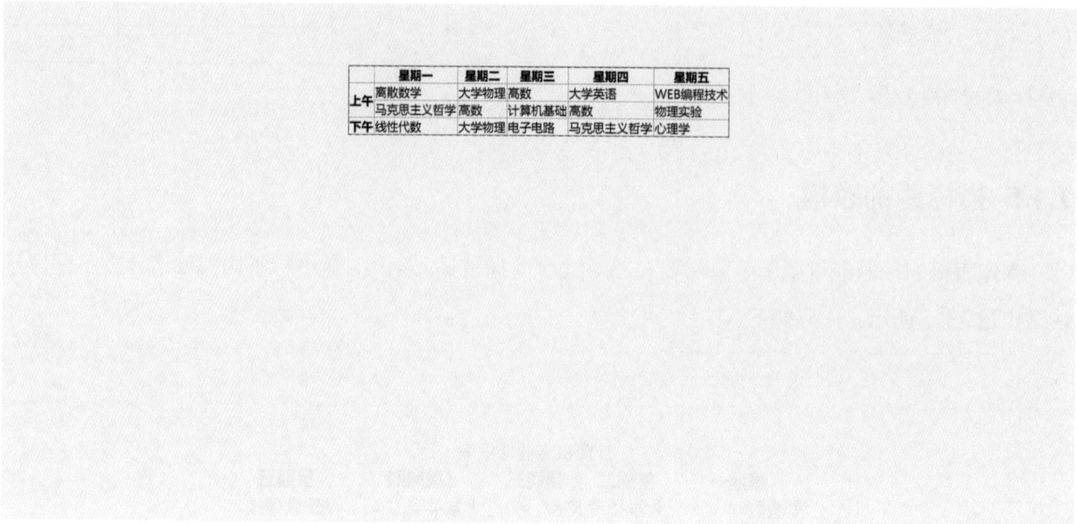

图7-15 添加背景色、外边距

（2）给表格添加副标题，在table元素中增加caption元素。可以用两个p元素表示表格的正副标题，效果如图7-16所示。代码如下。

```
<caption>
    <p class="title"> 计算机专业课程表 </p>
    <p class="sub-title">Course Schedule for Computer Major</p>

</caption>
```

图7-16 添加副标题

（3）调整表格中的文本样式和单元格宽度，效果如图7-17所示。代码如下。

```
th,td{
   padding:20px;
   text-align:center;
   width:130px;
}
caption{
   height:100px;
   margin-bottom:40px;
}
p{
   padding:0;
   margin:0;
}
.title{
   height:50px;
   font:bold 40px/50px " 微软雅黑 ";
}
.sub-title{
   font:18px/50px "SF-Pro-Text-Light";

}
```

计算机专业课程表
Course Schedule for Computer Major

	星期一	星期二	星期三	星期四	星期五
上午	离散数学	大学物理	高数	大学英语	WEB编程技术
	马克思主义哲学	高数	计算机基础	高数	物理实验
下午	线性代数	大学物理	电子电路	马克思主义哲学	心理学

图7-17 调整文本样式并设置单元格宽度

（4）用CSS样式中的border属性代替行内样式border="1"。观察效果图，除了最后一行外，所有单元格均有下边框。为了实现此效果，需要先给所有的单元格都添加下边框，然后灵活使用伪类选择器，取消最后一行单元格的下边框，效果如图7-18所示。代码如下。

```
tr td,tr th{
   border-bottom:1px solid #221e1f;
}
tbody tr:last-of-type th{
   border-bottom:none;
}
tbody tr:last-of-type td{
   border-bottom:none;

}
```

173

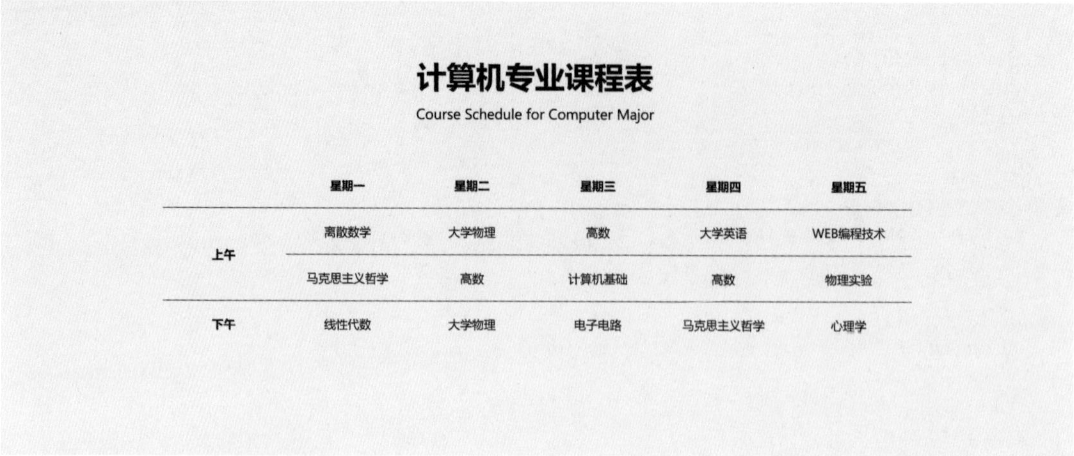

图7-18 设置边框

为了使第一列中的边框更粗，选择每个tr元素中的第一个th元素，更改下边框的样式，如图7-19所示。代码如下。

```
table tr th:first-of-type{
    border-bottom:3px solid #221e1f;
}
```

提示　这一步骤中的样式，应置于取消最后一行下边框样式的上方，避免因样式覆盖造成多余下边框的增加。

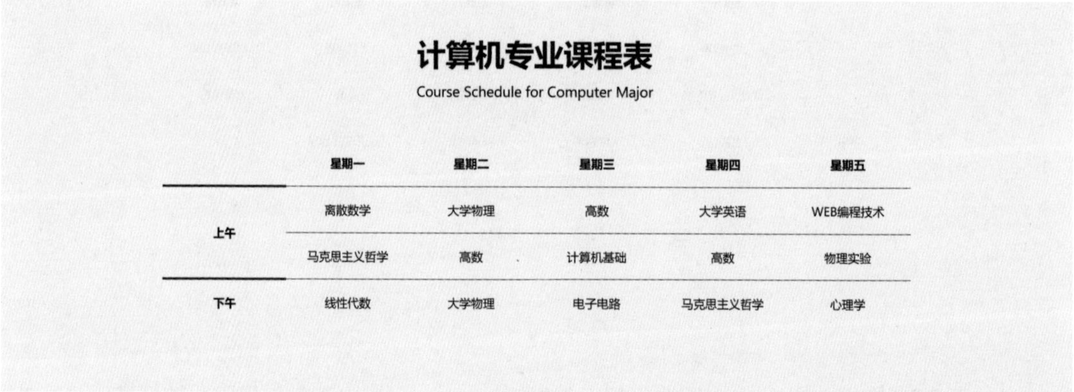

图7-19 更改表格的边框样式

（5）使用伪类元素的奇偶匹配功能，完成隔行变色。此时需要分析元素变色规律，首先分析表头\<thead\>。在\<thead\>中，tr元素的所有子元素都是th元素。代码如下。

```
<thead>
    <tr>
        <th></th>
        <th> 星期一 </th>
        <th> 星期二 </th>
        <th> 星期三 </th>
        <th> 星期四 </th>
        <th> 星期五 </th>
    </tr>
</thead>
```

如图7-20黄框部分所示，在<thead>的子元素tr中，次序为偶数的th元素有深色背景。代码如下。

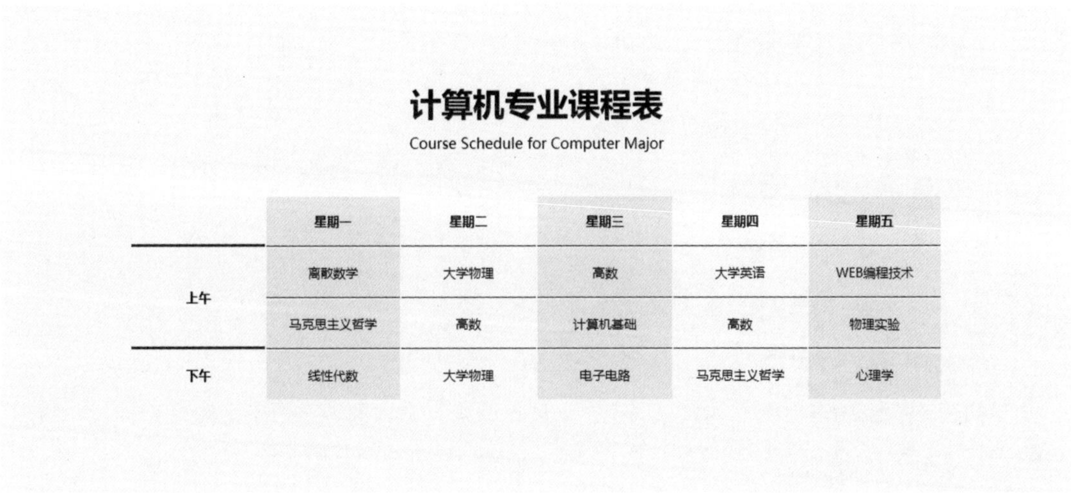

```
thead tr th:nth-of-type(2n){
    background-color:#e2ddda;
}
```

浏览器显示效果如图7-21所示。

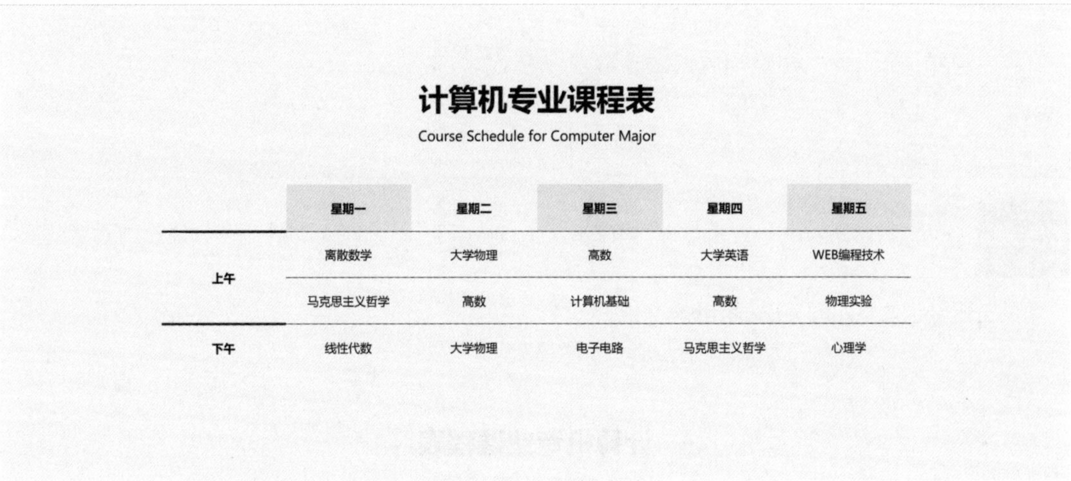

完成<thead>中的变色效果之后，观察<tbody>的代码，寻找隔行变色的规律。虽然<tbody>中的tr元素有th和td两种子元素，但由于th元素代表的"上午"和"下午"并不参与变色，所以写代码的时候只需要关注td元素。<tbody>中的每个tr元素包含的td元素个数都相同，在代码中标注需要添加背景色的td元素。代码如下。

```
<tbody>
   <tr>
      <th rowspan="2"> 上午 </th>
```

```
        <td>离散数学</td>
        <td>大学物理</td>
        <td>高数</td>
        <td>大学英语</td>
        <td>WEB编程技术</td>
    </tr>
    <tr>
        <td>马克思主义哲学</td>
        <td>高数</td>
        <td>计算机基础</td>
        <td>高数</td>
        <td>物理实验</td>
    </tr>
    <tr>
        <th>下午</th>
        <td>线性代数</td>
        <td>大学物理</td>
        <td>电子电路</td>
        <td>马克思主义哲学</td>
        <td>心理学</td>
    </tr>

</tbody>
```

因此，在<tbody>的子元素tr中，次序为奇数的td元素的背景色为深色，如图7-20红框部分所示。代码如下。

```
tr th:nth-of-type(2n){
    background-color:#e2ddda;
}
tr td:nth-of-type(2n+1){
    background-color:#e2ddda;

}
```

提示　nth-of-type(2n)匹配序号为偶数的元素，nth-of-type(2n + 1)匹配序号为奇数的元素。

浏览器显示效果如图7-22所示。

计算机专业课程表
Course Schedule for Computer Major

	星期一	星期二	星期三	星期四	星期五
上午	离散数学	大学物理	高数	大学英语	WEB编程技术
	马克思主义哲学	高数	计算机基础	高数	物理实验
下午	线性代数	大学物理	电子电路	马克思主义哲学	心理学

图7-22 隔行变色

7.2 表单

7.2.1 form 元素

form元素中包含多种表单元素，可以用多种形式实现数据采集的功能。

在可提交的表单中，form元素的action属性定义了表单提交的位置，表单一般会被提交给服务器。如果不设置action属性，则默认值为当前页面。代码如下。

```
<form action="action_page.php">
```

7.2.2 input 元素

input元素是最常用、最重要的表单元素。根据type属性的不同，input元素有不同的表现形态。

1. 文本域（type="text"）

用户在输入文字、字母和数字时会用到文本域，placeholder属性规定在未输入内容时输入框内显示的内容，如图7-23、图7-24所示。代码如下。

```
<input type="text" placeholder=" 请输入用户名 "/>
```

请输入用户名	Echo
图7-23 未输入内容	图7-24 在文本框输入用户名

2. 密码字段（type="password"）

密码框在用户输入密码时会自动将字符转化为黑色小圆点，增强密码的保密性，如图7-25所示。代码如下。

```
<input type="password" placeholder=" 请输入密码 "/>
```

●●●●●●●●

图7-25 输入密码

3. 单选框（type="radio"）

当用户需要从多个选项中选出一个选项时，适用单选框，如图7-26所示。代码如下。

```
<p> 性别：</p>
<input type="radio"/> 女

<input type="radio"/> 男
```

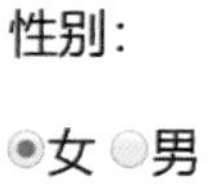

性别：

◉女 ○男

图7-26 单选框

4. 复选框（type="checkboxs"）

当用户需要从多个选项中选出一个或多个选项时，适用复选框，如图7-27所示。代码如下。

```
<p> 兴趣爱好：</p>
<input type="checkbox"/> 游戏
<input type="checkbox"/> 跑步

<input type="checkbox"/> 阅读
```

兴趣爱好：

☑游戏 ☑跑步 □阅读

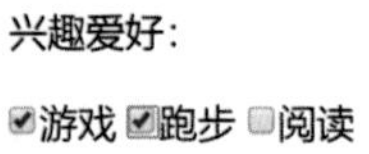

图7-27 复选框

5. 提交按钮（type="submit"）

当用户单击提交按钮时，表单将被提交，地址为form元素中action的属性值。如果没有规定action的属性值，默认提交到当前页面，传输的字段将显示在当前浏览器的地址栏中。提交按钮如图7-28所示，代码如下。

```
<input type="submit" />
```

提交

图7-28 提交按钮

在表单中填好内容，单击提交按钮，在没有填写form元素的action属性时，默认提交表格信息到本地。但此时地址栏中并没有出现预期的提交内容，如图7-29所示。代码如下。

```
<form action="">
  用户名：<input type="text" placeholder=" 请输入用户名 " name="username"/>
  <br>

  密码：<input type="password" placeholder=" 请输入密码 " name="password"/>
  <br>

  <p> 性别：</p>
  <input type="radio" name="sex" value=" 女 "/>女
  <input type="radio" name="sex" value=" 男 "/> 男

  <p> 兴趣爱好：</p>
  <input type="checkbox" name="game" name="intrest" value="game"/> 游戏
  <input type="checkbox" name="run" name="intrest" value="run"/> 跑步
  <input type="checkbox" name="read" name="intrest" value="read"/> 阅读
  <br>
  <input type="submit" />
</form>
```

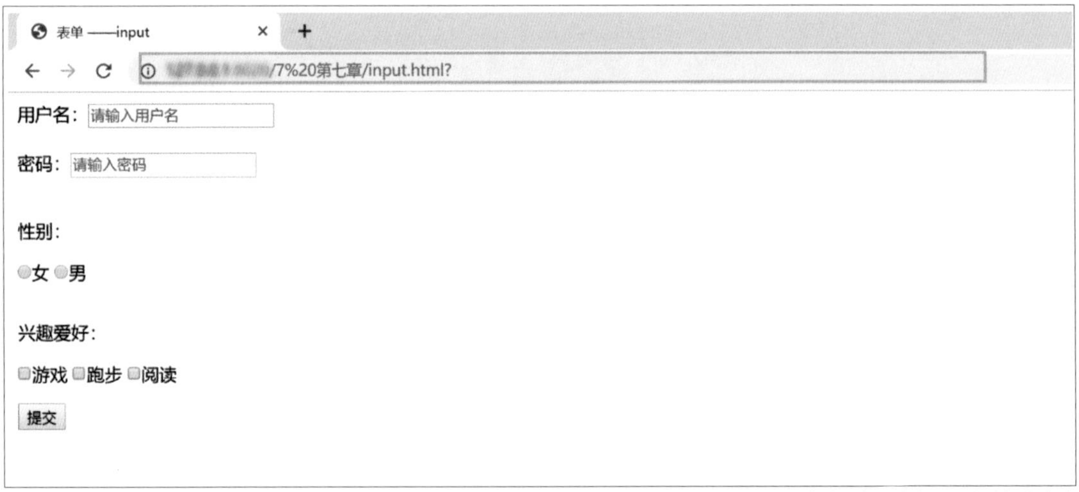

图7-29 地址栏中没有出现预期的提交内容

提交失败的原因是，未在之前的表单控件中填写name和value。

表单提交的数据为"属性：属性值"的形式，在每一个表单控件中，name描述本条信息的属性，value描述信息的属性值。

给所有控件增加name和value，再次提交表单，浏览器地址栏中显示提交的表单信息，如图7-30所示。代码如下。

```
<form action="">
    用户名: <input type="text" placeholder=" 请输入用户名 " name="username"/>
    <br>

    密码: <input type="password" placeholder=" 请输入密码 " name="password"/>
    <br>

    <p> 性别: </p>
    <input type="radio" name="sex" value=" 女 "/> 女
    <input type="radio" name="sex" value=" 男 "/> 男

    <p> 兴趣爱好: </p>
    <input type="checkbox" name="intrest" value="game"/> 游戏
    <input type="checkbox" name="intrest" value="run"/> 跑步
    <input type="checkbox" name="intrest" value="read"/> 阅读
    <br>
    <input type="submit" />
</form>
```

图7-30 地址栏显示提交的表单信息

input属性的值如表7-3所示。

表7-3 input属性的值

值	描述
button	定义可单击的按钮（通常配合 js 一起使用）
checkbox	定义复选框
file	定义输入字段和浏览按钮，供文件上传
hidden	定义隐藏的输入字段
image	定义图像形式的提交按钮
password	定义密码字段（字段中的字符会被遮蔽）
radio	定义单选按钮
reset	定义重置按钮，重置按钮会清除表单中的所有数据
submit	定义提交按钮，提交按钮会把表单数据发送到服务器
text	定义单行的输入字段，用户可在其中输入文本，默认宽度为 20 个字符

【例7-2】

模仿如图7-31所示的淘宝网的搜索栏，制作一个搜索栏，单击搜索按钮时，浏览器地址栏中出现搜索的信息内容。

图7-31 淘宝网的搜索栏

分析页面时，不能只考虑样式，应该更多关注每一个模块的功能，进而匹配合适的标签。在图7-31所示的搜索栏中，外层为一个有圆角效果的div元素。单击每一个区域分辨各区域的功能，最前面是输入框，相机图片的部分是单击拍照的功能，最后是提交按钮，在输入框内有一个搜索图标。

（1）创建最外层的div元素，添加边框与圆角样式，并提前写好浮动相关的样式，效果如图7-32所示。代码如下。

```
<style>
  .fl{
    float:left;
  }
  .clearfix{
    clear:both;
    content:"";
    display:block;
  }
  .box{
    width:627px;
    height:36px;
    border:2px solid #ff3f00;
    border-radius:16px;
  }
</style>
<body>
  <div class="box"></div>

</body>
```

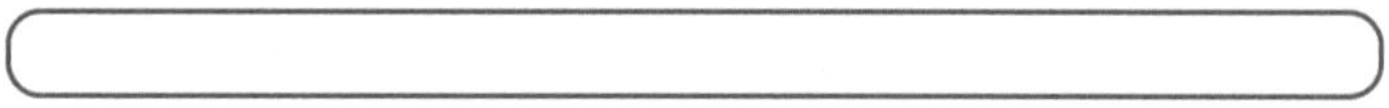

图7-32 外层div元素

（2）在最外层的div元素中创建文本框按钮、盛放相机图片的div元素及提交按钮，效果如图7-33所示。代码如下。

```
<body>
  <div class="box">
    <form action="">
      <input type="text" class="txt"/>
      <div class="camera"></div>
      <input type="submit" class="sub fl" name="search" value=" 搜索 "/>
    </form>
  </div>

</body>
```

图7-33 添加表单元素

（3）设置边框内部3个元素的长度、宽度以及位置。3个元素中，表示相机图标的部分使用了div元素。为了让3个元素在同行显示，需要给它们设置浮动（记得给父元素清除浮动）。使用CSS样式border: none可以去掉输入框和按钮的默认边框，效果如图7-34所示。代码如下。

```css
.txt{
    width:452px;
    height:36px;
    line-height:36px;
    border:none;
}
.camera{
    width:100px;
    height:36px;
    background-color:pink;
}
.sub{
    width:75px;
    height:36px;
    background-color:#ff3f00;
    border:none;

}
```

图7-34 设置浮动并去掉默认边框

（4）因为外边框有圆角效果，所以里面的元素在4个角的位置超出边框。此时需要给父元素添加CSS样式overflow: hidden，隐藏溢出的内容，效果如图7-35所示。代码如下。

```css
.box{
    width:627px;
    height:36px;
    border:2px solid #ff3f00;
    border-radius:16px;
    overflow:hidden;
}
```

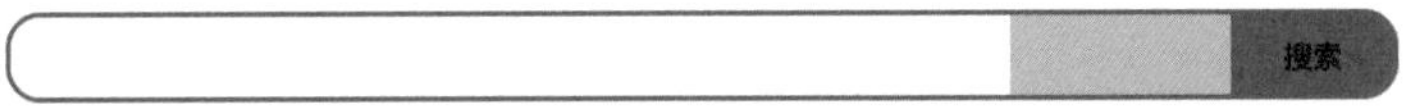

图7-35 隐藏溢出的内容

（5）为粉色区域添加相机图标。网页中的图标通常使用添加背景图片的方式。调节背景图片居中显示，设置为不重复，去掉之前的背景色。同时，设置搜索按钮的文本样式。效果如图7-36所示。代码如下。

```css
.camera{
    width:100px;
    height:36px;
    background-image:url(img/camera.png);
    background-position:center;
```

```
     background-repeat:no-repeat;
}
.sub{
   width:75px;
   height:36px;
   background-color:#ff3f00;
   line-height:36px;
   color:#ffffff;
   text-align:center;
   border:none;
   font-size:16px;

}
```

图7-36 添加相机图标

（6）此时，已经完成了静态下的全部样式，单击文本框，发现文本框在激活状态下出现蓝色边框，搜索按钮存在相同的问题，如图7-37所示。给文本框和搜索框添加CSS样式outline: none，去除蓝色边框，效果如图7-38所示。代码如下。

```
.txt{
   width:452px;
   height:36px;
   line-height:36px;
   border:none;
   outline:none;

}

.sub{
   width:75px;
   height:36px;
   background-color:#ff3f00;
   line-height:36px;
   color:#ffffff;
   text-align:center;
   border:none;
   font-size:16px;
   outline:none;

}
```

图7-37 文本框在激活状态下出现蓝色边框

图7-38 去除蓝色边框

（7）设置文本框左侧的内边距，使输入的内容与边框之间有一定的距离。在固定宽高的元素中添加内边距时，内边距会增大元素的宽度和高度，应减去与内边距相同的宽度和高度。

增加左侧内边距之后，文本框在视觉上的紧促感消失，效果如图7-39所示。代码如下。

```
.txt{
    width:432px;                -20px
    height:36px;
    line-height:36px;
    border:none;
    outline:none;
    padding-left:20px;          +20px

}
```

图7-39 设置文本框的内边距

（8）数据传递。为input元素设置name属性和value属性，效果如图7-40所示。代码如下。

```
<div class="box">
  <form action="">
    <input type="text" class="txt fl" name="search"/>
    <div class="camera fl"></div>
    <input type="submit" class="sub fl" value=" 搜索 "/>
  </form>

</div>
```

图7-40 数据传递

7.2.3 其他表单元素

1. 下拉框

在多个选项中选择一个或多个选项时，使用下拉框的形式可以节约网页的空间。

slelect元素可以创建单选或多选下拉框。select元素中的option元素用来创建下拉框选项，如图7-41所示。代码如下。

```
<form action="">
  选择学习的课程：
  <select name="type">
    <option value="HTML">HTML</option>
    <option value="CSS">CSS</option>
    <option value="JS">JS</option>
    <option value="Vue">Vue</option>
  </select>

</form>
```

图7-41 下拉框

常用的select元素的属性包括disabled和size。

（1）disabled——规定禁止该下拉列表。

当select元素设置disabled属性时，单击下拉框将不会有选项列出，如图7-42所示。disabled

一般写作disabled = 'disabled'，也可以省略属性值直接写作disabled。代码如下。

```
<form action="">
   选择学习的课程:
   <select name="type" disabled>
      <option value="HTML">HTML</option>
      <option value="CSS">CSS</option>
      <option value="JS">JS</option>
      <option value="Vue">Vue</option>
   </select>

</form>
```

选择学习的课程: HTML ▼

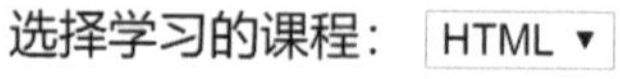

图7-42 设置disabled属性

（2）size——规定下拉框可以显示几个选项，如图7-43所示，属性值为数字。代码如下。

```
<form action="">
   选择学习的课程:
   <select name="type" size="2">
      <option value="HTML">HTML</option>
      <option value="CSS">CSS</option>
      <option value="JS">JS</option>
      <option value="Vue">Vue</option>
   </select>

</form>
```

选择学习的课程: HTML ▲
CSS ▼

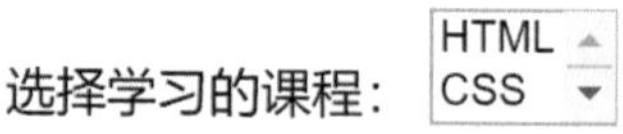

图7-43 设置size属性

select元素的样式难以通过CSS美化达到设计师的标准，一般使用下拉菜单时，都是使用div元素和ul列表元素进行模拟的。

【例7-3】

使用下拉框制作导航栏中的下拉菜单，如图7-44、图7-45所示。当鼠标指针移动到导航栏中的某一项时，该项的背景色改变，对应的下拉菜单弹出。

提示　本案例涉及列表嵌套的知识，不熟悉的读者请先前往第2章复习。仅靠CSS无法完成本案例，需要依靠js动态效果完成。本案例的意义是，写出适合添加js的布局结构。

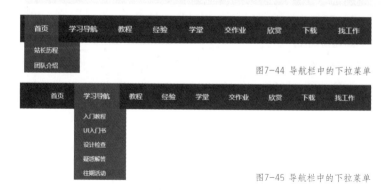

图7-44 导航栏中的下拉菜单

图7-45 导航栏中的下拉菜单

　　导航栏有多个选项，鼠标指针移动到某个选项时，它的正下方会出现该选项的子列表。为了便于添加js动态效果，子列表在布局上应该属于它所对应的导航选项，并且使用定位的方法使子列表在位置关系上不属于自身的父级，而是位于自身父级的正下方。

　　（1）使用ul列表元素完成导航栏的布局。HTML代码如下。

```html
<body>
    <ul class="nav clearfix">
        <li class="nav-li fl">
            <a href="" class="contact">首页</a>
        </li>
        <li class="nav-li fl">
            <a href="" class="contact">学习导航</a>
        </li>
        <li class="nav-li fl">
            <a href="" class="contact">教程</a>
        </li>
        <li class="nav-li fl">
            <a href="" class="contact">经验</a>
        </li>
        <li class="nav-li fl">
            <a href="" class="contact">学堂</a>
        </li>
        <li class="nav-li fl">
            <a href="" class="contact">交作业</a>
        </li>
        <li class="nav-li fl">
            <a href="" class="contact">欣赏</a>
        </li>
        <li class="nav-li fl">
            <a href="" class="contact">下载</a>
        </li>
        <li class="nav-li fl">
            <a href="" class="contact">找工作</a>
        </li>
    </ul>

</body>
```

　　（2）在添加CSS样式之前，写入清除默认样式和浮动的公共样式。CSS代码如下。

```css
/* reset */
ul{
    list-style:none;
    padding:0;
    margin:0;
    background-color:#222222;
}
li{
    padding:0;
    margin:0;
}
/* tool */
.fl{
    float:left;
}
```

```
.fr{
  float:right;
}
.clearfix:after{
  content:"";
  display:block;
  clear:both;
}
/* mian */

.nav-li .contact{
  padding:16px 20px;
  color:#eeeeee;
  display:block;
  text-decoration:none;
  font-size:14px;
  line-height:18px;
}
.nav-li .contact:hover{
  color:#ffffff;
  background-color:#404040;

}
```

浏览器显示效果如图7-46所示。

首页　　学习导航　　教程　　经验　　学堂　　交作业　　欣赏　　下载　　找工作

图7-46 导航栏的布局

（3）使用ul元素在导航栏的第一个选项中添加下拉列表。在没有设置样式的情况下，整个导航栏的高度被撑开，效果如图7-47所示。代码如下。

```
<li class="nav-li fl">
  <a href="" class="contact">首页 </a>
  <ul class="drop-box">
    <li class="drop-li">
      <a href="">站长历程 </a>
    </li>
    <li class="drop-li">
      <a href="">团队介绍 </a>
    </li>
  </ul>

</li>
```

首页　　学习导航　　教程　　经验　　学堂　　交作业　　欣赏　　下载　　找工作

图7-47 添加下拉列表

（4）设置子列表相对于导航第一项绝对定位，top值等于导航的高度，效果如图7-48所示。代码如下。

```
.nav{
  position:relative;
```

```
   background-color:#222222;

}


.drop-box{
   position:absolute;
   top:50px;


}
```

图7-48 设置子列表相对于导航第一项绝对定位

（5）添加CSS代码，调整子列表的文本样式和背景颜色，效果图7-49所示。代码如下。

```
.drop-box{
   position:absolute;
   top:50px;
   background-color:#404040;
   min-width:110px;
}
.drop-box a{
   padding:8px 20px;
   color:#ffffff;
   display:block;
   text-decoration:none;
   font-size:12px;

}
```

图7-49 给子列表设置样式

提示　在列表嵌套的结构中，写CSS样式时要特别注意在外层不要使用元素选择器。不可以使用
"nav-li a"这种方式选择下述黄色部分的代码，因为".nav-li a"也会选择到下述灰色部
分的代码。

```
<li class="nav-li fl">
   <a href="" class="contact"> 首页 </a>
   <ul class="drop-box">
     <li class="drop-li">
        <a href=""> 站长历程 </a>
     </li>
     <li class="drop-li">
        <a href=""> 团队介绍 </a>
     </li>
   </ul>

</li>
```

187

2.文本框

textarea元素定义多行的文本输入。在表单中，留言、评论等多行文字内容的输入，常常使用文本框，效果如图7-50所示。

cols属性表示文本框的宽度，rows属性表示文本框的高度。代码如下。

```
<form action="">
  留言: <textarea name="" id="" cols="30" rows="10"></textarea>

</form>
```

图7-50 文本框

textarea元素的属性如下

（1）disabled: 禁用该文本区。

（2）readonly: 规定文本为只读。

（3）maxlength: 规定文本域中的最大字数。

3.按钮

button元素定义可单击的按钮，效果如图7-51所示。代码如下。

```
<form action="">
  <button>Click Me!</button>

</form>
```

Click Me!

图7-51 按钮

思考与练习

简答题

1. 写出input中type属性的几种常用值，并描述其定义的内容。

2. 怎样在表格中合并单元格？

实践题

请完成本章开头的"本章任务",如图7-52和图7-53所示。

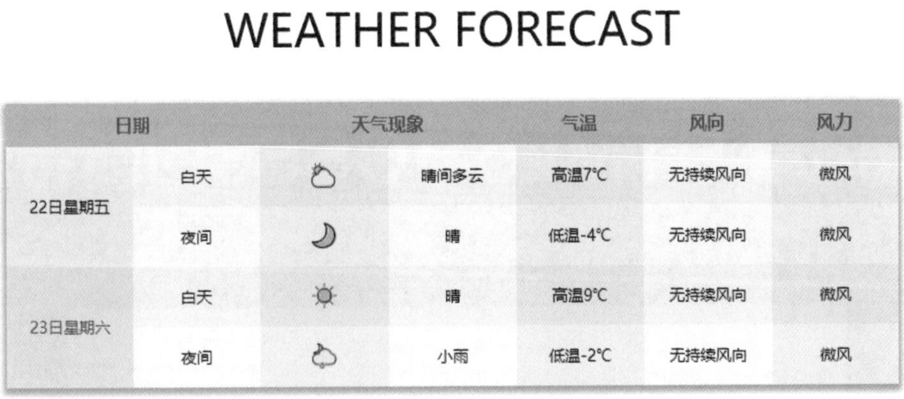

WEATHER FORECAST

日期		天气现象		气温	风向	风力
22日星期五	白天		晴间多云	高温7℃	无持续风向	微风
	夜间		晴	低温-4℃	无持续风向	微风
23日星期六	白天		晴	高温9℃	无持续风向	微风
	夜间		小雨	低温-2℃	无持续风向	微风

图7-52 天气预报表格

图7-53 登录表单

第8章 HTML5与CSS3的新特性

从技术层面讲，HTML5指的是HTML的第5个版本，CSS3指的是CSS的第3代版本。目前，HTML5与CSS3还不够完善，但支持HTML5与CSS3的浏览器越来越多。

本章将讲解HTML5与CSS3的新特性，它们给页面布局带来了极大的便利，也给出了解决问题的更优方案。本章知识点较为零散，没有设置本章任务，请读者务必在计算机上练习每个知识点相对应的案例。

8.1 HTML5的新增元素

video元素和audio元素是HTML5中新增的重要元素。虽然目前仍使用插件（如Flash）实现浏览器中视频、音频的播放，但并不是所有浏览器都使用相同的插件，插件的下载也比较麻烦。video元素与audio元素提供了网页上播放视频、音频的标准，解决网页中多媒体播放的问题。

1.video元素

HTML5中新增的video元素提供了网页上播放视频的标准。

video元素支持3种格式：Ogg、MPEG 4、WebM，各浏览器对3种格式的支持情况如表8-1所示，video元素的属性如表8-2所示。

表8-1　各浏览器对video元素的支持情况

格式	IE	Firefox	Opera	Chrome	Safari
Ogg	No	3.5+	10.5+	5.0+	No
MPEG 4	9.0+	No	No	5.0+	3.0+
WebM	No	4.0+	10.6+	6.0+	No

表8-2　video元素的属性

属性	值	描述
src	url	视频的 URL
width	pixels	视频的宽度
height	pixels	视频的高度
autoplay	autoplay	视频自动播放
controls	controls	显示控件，如播放按钮
loop	loop	循环播放
preload	preload	视频在页面加载时进行加载，并预备播放。如果使用 autoplay，则忽略该属性

 设置width属性和height属性的单位为px时可以省略单位，只写width="320"。

图8-1 视频页面

【例8-1】

创建一个<video>标签，其中src属性表示视频地址，width表示视频控件的宽度，height表示视频控件的高度，controls属性表示播放按钮，浏览器显示效果如图8-1所示。代码如下。

```
<video src="video/show.mp4" width="320" height="240"
controls="controls">
</video>
```

2.audio元素

audio元素能够播放声音或音频流。

audio元素支持3种格式：Ogg Vorbis、MP3、Wav，各浏览器对3种格式的支持情况如表8-3所示，audio元素的属性如表8-4所示。

表8-3　各浏览器对Ogg Vorbis、MP3、Wav的支持情况

	IE 9	Firefox 3.5	Opera 10.5	Chrome 3.0	Safari 3.0
Ogg Vorbis		√	√	√	
MP3	√			√	√
Wav		√	√		√

表8-4　audio元素的属性

属性	值	描述
src	url	要播放的音频的 URL
autoplay	autoplay	音频自动播放
controls	controls	显示控件，比如播放按钮
loop	loop	循环播放
preload	preload	音频在页面加载时进行加载，并预备播放。如果使用 autoplay，则忽略该属性

【例8-2】

在网页上引入音频"song.mp3"，浏览器显示效果如图8-2所示。代码如下。

```
<audio src="audio/song.mp3" controls="controls"></audio>
```

图8-2 音频页面

3.HTML5中新增结构元素

在HTML5定义新的结构元素之前，通常使用div元素匹配不同类名来表示网页的不同部分。例如，<div class="header"></div>表示页面的头部，<div class="main"></div>表示页面的主要内容。这种方法让页面充满了div元素，并且浏览器无法识别网页各部分内容。

HTML5引入了大量新的块级元素帮助提升网页的语义化，语义化的意义有4点：①提高代码的可读性，使代码易于维护；②利于SEO，提高网站在有关搜索引擎内的自然排名；③在CSS不起作用时，不容易出现错乱；④利于仪器（如屏幕阅读器、盲人阅读器、移动设备）的解析，以语义的方式渲染网页。

HTML5提供的结构元素如图8-3所示，它们分别定义元素的不同部分。

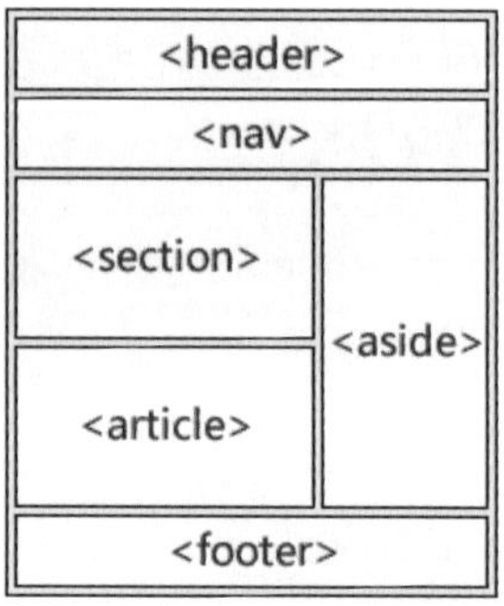

<header>定义文档的页眉，表示页面中的介绍性内容，如标题、导航等内容都可以放进<header>标签中。

<nav>定义导航，可以嵌套在<header>标签内部。

<main>表示页面的主要内容，可以包含<section>标签、<artical>标签、<aside>标签。

图8-3 HTML5结构元素

<section>定义文档中的节（section、区段），如章节、页眉、页脚或文档中的其他部分。

<artical>定义的内容需满足两个条件：①本身是有意义的；②独立于文档的其余部分。例如，论坛帖子、博客文章、新闻故事、评论等。

<aside>定义页面主区域内容之外的内容，如侧边栏。

<footer>定义文档或页脚。页脚通常包含文档的作者、版权信息、使用条款链接、联系信息等。

【例8-3】

分析怎样使用新增结构元素划分一个页面，如图8-4所示。

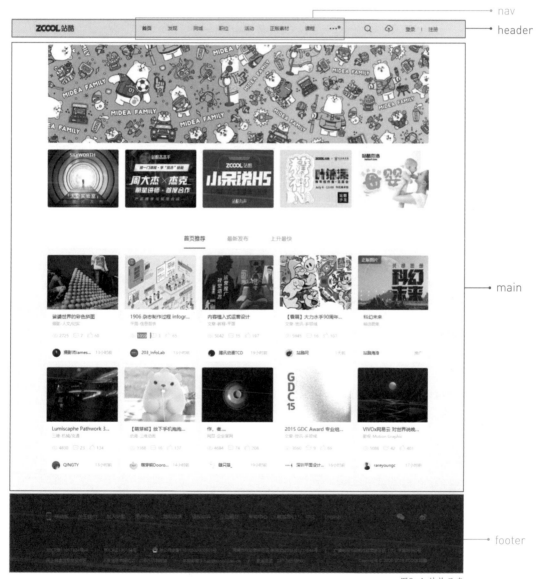

图8-4 结构元素

8.2 CSS3的新增样式

本节介绍CSS3的新增样式，包括新的文本样式、边框阴影，以及过渡与动画的简单使用。

8.2.1 文本属性

在CSS3中，可以使用text-shadow属性给文本增加阴影效果text-shadow属性的值如表8-5所示。

表8-5　text-shadow属性的值

值	描述
h-shadow	必需，水平阴影的位置，允许负值
v-shadow	必需，垂直阴影的位置，允许负值
blur	可选，模糊距离
color	可选，阴影的颜色，请参阅CSS颜色值

【例8-4】

使用text-shadow属性给文字设置阴影样式，浏览器显示效果如图8-5所示。代码如下。

```
<style>
  p{
    font-size:30px;
    color:#f4d0ba;
    text-shadow:3px 3px 3px #cacbcd;
  }
</style>
<body>
  <p>CSS3 的学习 </p>
</body>
```

图8-5 文本阴影

可以使用box-shadow属性给盒子增加阴影效果。

【例8-5】

给一个元素添加盒子阴影，浏览器显示效果如图8-6所示。代码如下。

```
<style>
  div{
    width:100px;
    height:100px;
    border:3px solid #ffbea8;
    box-shadow:10px 10px 5px #e1dfe0;
  }
</style>
<body>
  <div></div>
</body>
```

图8-6 盒子阴影

8.2.2　字体属性

在CSS3之前，网页只能显示用户计算机上已经安装的字体，这大大限制了Web设计师在字体设计方面的发挥，他们只能选择一些通用的字体作为网页文本的字体。

通过CSS3，Web设计师可以使用他们喜欢的任意字体。通过CSS3中的@font-face属性，将选好的字体存放在Web服务器上，当用户需要的时候就会自动安装到用户的计算机上。

> **提示**　IE8及更早版本不支持@font-face属性。

@font-face可以定义自己的CSS3字体，只需要两步即可：①通过font-family给字体命名；②通过src引入字体文件。

使用@font-face字体时，@font-face的font-family属性用来命名自定义字体的名称。

【例8-6】

使用@font-face引入新的字体文件，创建新的字体。创建<p>标签，写入企鹅的介绍，给这段文字使用新的字体，浏览器显示如图8-7所示。CSS代码如下。

```
@font-face{

    font-family:cute;
    src:url(' 字体 /X- 花花手迹 .ttf')

}
p{
    width:500px;
    font-size:20px;
    font-family: cute;
}
```

HTML代码如下。

```
<body>
    <p>企鹅能在 -60℃的严寒中生活、繁殖。在陆地上，它活像身穿燕尾服的西方绅士，
走起路来，一摇一摆，遇到危险，连跌带爬，狼狈不堪。可是在水里，企鹅那短小的
翅膀成了一双强有力的"划桨"，游速可达每小时 25-30 千米，一天可游 160 千米。
企鹅主要以磷虾、乌贼、小鱼为食。
    </p>
</body>
```

企鹅能在-60℃的严寒中生活、繁殖。在陆地上，它活像身穿燕尾服的西方绅士，走起路来，一摇一摆，遇到危险，连跌带爬，狼狈不堪。可是在水里，企鹅那短小的翅膀成了一双强有力的"划桨"，游速可达每小时25-30千米，一天可游160千米。企鹅主要以磷虾、乌贼、小鱼为食。

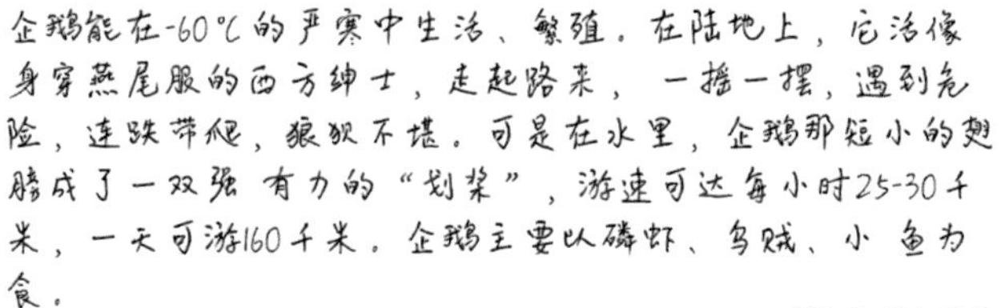

图8-7 引入字体

195

8.2.3 背景

本小节介绍背景相关的CSS3新增属性，学习调节背景图片的大小、调节背景图片相对于div框的位置和多重背景的使用。

【例8-7】

创建一个div元素，给div元素设置10px的半透明边框，设置一张如图8-8所示的背景图片并使其不重复，浏览器显示效果如图8-9所示。HTML代码如下。

```html
<body>
  <div class="box"></div>

</body>
```

CSS代码如下。

```css
.box{
  width:500px;
  height:400px;
  padding:50px;
  border:10px solid rgba(0,0,0,0.1);
  background:url('img/wintry.jpg') no-repeat;

  }
```

图8-8 wintry.jpg　　　　图8-9 浏览器显示效果

1. background-size

background-size属性规定背景图片的尺寸。在CSS3之前，背景图片的尺寸都是由图片的实际尺寸决定的，当同一页面使用不同尺寸的背景图片时，往往需要事先准备好不同尺寸的图片。background-size属性的出现彻底简化了这一复杂的流程。

background-size属性值有4种类型，length和percentage使用数值设置背景图片的尺寸，cover和contain根据元素大小设置背景图片的尺寸，background-size属性值如表8-6所示。

表8-6　background-size属性值

值	描述
length	设置背景图片的高度和宽度，第一个值设置宽度，第二个值设置高度，如果只设置一个值，则另一个值会被设置为 "auto"
percentage	以父元素的百分比设置背景图片的宽度和高度，第一个值设置宽度，第二个值设置高度，如果只设置一个值，则另一个值会被设置为 "auto"
cover	保持图像的纵横比，背景图片完全覆盖背景区域且尺寸最小（背景图片可能展示不全）
contain	保持图像的纵横比，背景图片完整展示在背景区域，并且尺寸最大

【例8-8】

使用background-size属性，将案例8-7中的背景图片缩小为div元素的50%，浏览器显示效果如图8-10所示。CSS代码如下。

```
background-size:50% 50%;
```

需要图片覆盖整个背景区域时，设置background-size为cover，浏览器显示效果如图8-11所示，此时背景图片可能显示不全。CSS代码如下。

```
background-size:cover;
```

图8-10 背景图片缩小为div元素的50%

图8-11 设置background-size为cover

需要背景图片完整展示在背景区域且尺寸最大时，设置background-size为contain，浏览器显示效果如图8-12所示。CSS代码如下。

```
background-size:contain;
```

图8-12 设置background-size为contain

2.background-origin

background-origin属性规定背景图片的定位区域，属性值如表8-7所示。

表8-7　background-origin属性的值

值	描述
padding-box	背景图片相对于内边距框定位
border-box	背景图片相对于边框盒定位
content-box	背景图片相对于内容框定位

不同background-origin属性值的位置关系如图8-13所示。

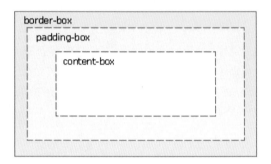

图8-13 background-origin属性值的位置关系

【例8-9】

为了更直观展示background-origin的3种值的不同效果，将background-size设为100%。当background-origin值为content-box时，背景图片只在内容区域内展示，如图8-14所示。CSS代码如下。

```
.box{
    width:500px;
    height:400px;
    padding:50px;
    border:10px solid rgba(0,0,0,0.1);
    background:url('img/wintry.jpg') no-repeat;
    background-size:100% 100%;
    background-origin:content-box;

}
```

当background-origin值为padding-box时，相当于默认值，背景图片延伸至padding部分，如图8-15所示。代码如下。

```
background-origin:padding-box;
```

图8-14 background值为content-box

图8-15 background-origin值为padding-box

当background-origin值为border-box时，背景图片将延伸至边框，如图8-16所示。CSS代码如下。

```
background-origin:border-box;
```

图8-16 background-origin值为border-box

3. 多重背景

CSS3允许元素使用多个背景图片。background-image可以有多个值，用逗号分隔，越靠前的图片层级越高。

【例8-10】

给div元素设置两张背景图片，如图8-17、图8-18所示。为了直观地展示两张背景图片，图8-17选用半透明PNG格式的图片。浏览器显示效果如图8-19所示。

图8-17 snow2.png

图8-18 wintry.jpg

CSS代码如下。

```
.box{
    width:500px;
    height:400px;
    padding:50px;
    border:10px solid rgba(0,0,0,0.1);
    background-image:url('img/snow2.png'),url('img/wintry.jpg');
    background-repeat:no-repeat;
    background-size:100% 100%;
    background-origin:padding-box;

}
```

图8-19 两张背景图片

8.2.4 过渡效果

CSS3的过渡效果是元素从一种样式逐渐改变为另一种样式，由CSS样式transition来实现，transition属性的值如表8-8所示。transition语法如下。

```
transition: property duration timing-function delay;
```

表8-8 transition属性的值

值	描述
transition-property	规定设置过渡效果的 CSS 属性的名称
transition-duration	规定完成过渡效果需要多少秒或毫秒
transition-timing-function	规定速度效果的速度曲线
transition-delay	定义过渡效果何时开始

【例8-11】

使用:hover伪类效果，可以实现当鼠标指针悬停在元素上方时，元素发生变化。

元素最开始为黄色，当鼠标指针悬停在元素上方时，元素背景颜色为浅粉色。代码如下。

```
<style>
  .box{
     width:100px;
     height:100px;
     background-color:#fbf3b4;
  }
  .box:hover{
     background-color:#fadec8;
     }
</style>

<body>
  <div class="box"></div>
</body>
```

当鼠标指针悬停在元素上方时，浏览器显示元素从黄色立刻变为粉色，如图8-20所示。

图8-20 元素从黄色立刻变为粉色

给元素添加CSS3的transition过渡样式，当鼠标指针悬停时，元素由黄色渐渐变为粉色，整个变化的时长为2秒，如图8-21所示。代码如下。

```
<style>
  .box{
     width:100px;
     height:100px;
```

```
      background-color:#fbf3b4;
      transition:background-color 2S;
   }
   .box:hover{
      background-color:#fadec8;
   }
</style>

<body>
   <div class="box"></div>
</body>
```

图8-21 添加过渡后

还可以给多个样式设置过渡属性，每个样式之间用逗号隔开，页面的变化如图8-22所示。代码如下。

```
.box{
   width:100px;
   height:100px;
   background-color:#fbf3b4;
   transition:background-color 2S,width 1S,height 1S;
}
.box:hover{
   width:200px;
   height:140px;
   background-color:#fadec8;
}
```

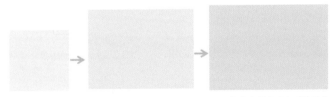

图8-22 给多个样式添加过渡效果

8.2.5 动画

动画是使元素从一种样式逐渐变化为另一种样式的效果。

在创建CSS3动画之前，需要先了解@keyframes规则。@keyframes规则用于创建动画，在@keyframes中规定某项CSS样式，就能创建由当前样式逐渐改为新样式的动画效果。

创建过程中，以百分比表示动画的时间进程，可以改变多个样式，改变次数不受限制。在下面名为"changcolor"的自定义动画中，背景颜色改变了4次。代码如下。

```
@keyframes changecolor{
   0%{ background-color:#97928e;}
```

```
  20%{ background-color:#e7d485;}
  0%{ background-color:#aec6ca;}
  0%{ background-color:#fec6af;}
}
```

提示　除了百分比，还可以用关键词"from"和"to"，等同于0%和100%。

引用自定义动画时，需要将动画绑定到某个选择器上。这里最少需要指定两项数据：动画名称和动画时长。动画的变化过程如图8-23所示。CSS代码如下。

```
.box{
  width:40px;
  height:40px;
  background-color:#97928e;
  animation:changecolor 4S;
}
```

HTML代码如下。

```
<body>
  <div class="box"></div>
</body>
```

图8-23 动画的变化过程

表8-9列出了@keyframes规则和所有动画属性。

表8-9　@keyframes规则和所有动画属性

属性	描述
@keyframes	规定动画
animation	所有动画属性的简写属性，除了 animation-play-state 属性
animation-name	规定 @keyframes 动画的名称
animation-duration	规定动画完成一个周期所花费的时间（秒或毫秒），默认是 0

8.2.6 圆角边框

CSS3可以给边框设置圆角效果和阴影效果。

border-radius在前面章节中已经出现多次了。border-radius的属性值是一个数值，表示边框圆角的直径。

```
border-radius:10px;
```
是以下代码的简写。

```
border-top-left-radius:10px;
border-top-right-radius:10px;
border-bottom-right-radius:10px;

border-bottom-left-radius:10px;
```

当矩形的边框圆角值等于矩形的边长时，会变成一个圆形。在网页设计中常常使用边框的border-radius圆角特性制作圆形。

【例8-12】

使用border-radius创建一个直径为100px的圆形，浏览器显示效果如图8-24所示。代码如下。

```
<style>
  div{
    width:100px;
    height:100px;
    border-radius: 100px;
    background-color: lightpink;
  }
</style>
<body>
  <div></div>
</body>
```

图8-24 用border-radius创建一个圆形

8.2.7 2D 转换

对元素进行移动、旋转等操作称为CSS3的2D转换。可以通过transform属性实现2D转换，根据需要使用不同的属性值即可。

1.移动

translate()方法可以实现元素的移动。translate（x,y）中有两个参数，分别表示元素沿X轴、沿Y轴移动的距离。还可以使用translateX(n)单独设置元素沿X轴方向移动；用translateY(n)单独设置元素沿Y轴方向移动。浏览器显示效果如图8-25所示。代码如下。

```
<style>
  html,body{
    padding:0;
    margin:0;
  }
  div{
    width:200px;
    height:200px;
    background-color:#FEC6AF;
    transform: translate(500px,100px);
  }
</style>
<body>
  <div></div>
</body>
```

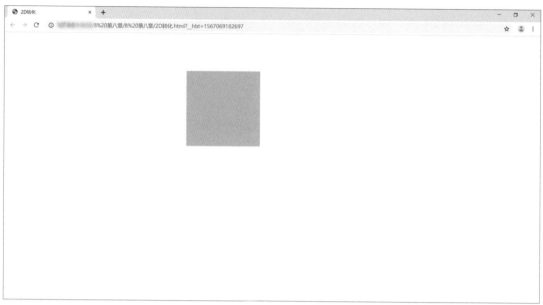

图8-25 移动

【例8-13】

使用translate()方法，使一个未知长宽的元素在水平方向和垂直方向上居中。

创建一个div元素，设类名为box，宽度为400px，高度为300px，背景色为灰色。在box中创建一个div元素，设类名为center，宽高被内容撑开，背景色为黄色，且相对于box绝对定位。要求无论center的宽高怎样变化，都在水平方向与垂直方向上居中。

创建元素并设置定位，浏览器显示效果如图8-26所示。HTML代码如下。

```
<div class="box">
    <div class="center"> 未知宽高的元素 </div>

</div>
```

CSS代码如下。

```
.box{
    width:400px;
    height:300px;
    background-color:#cccccc;
    position:relative;
}
.center{
    background-color:#fbdeb2;
    color:dimgrey;
    padding:20px;
    position:absolute;

}
```

图8-26 创建元素

用top和left属性，将center向下移动父元素的50%，向右移动父元素的50%，浏览器显示效果如图8-27所示。HTML代码如下。

```
.center{
  background-color:#fbdeb2;
  color:dimgrey;
  padding:20px;
  position:absolute;
  left:50%;
  top:50%;
}
```

图8-27 用top、left调整位置

如图8-27所示，center左上角已处于父元素的中心点位置。当center在水平方向和垂直方向上都居中时，center的中心点应该与box的中心点重合。使用translate(-50%,-50%)使center向左移动自身宽度的50%，向上移动自身高度的50%，浏览器显示效果如图8-28所示。HTML代码如下。

```
.center{
  background-color:#fbdeb2;
  color:dimgrey;
  padding:20px;
  position:absolute;
  left:50%;
  top:50%;
  transform:translate(-50%,-50%);
}
```

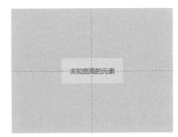

图8-28 移动

提示　translate(x,y)方法中，当参数x、y是百分比时，会以本身的长宽做参考。例如，本身的长为100px，高为50px，translate(50%,50%)就是向右、向下移动50px，添加负号就是向着相反的方向移动。

2.旋转

rotate()方法可以实现元素顺时针旋转，参数为顺时针旋转的角度，单位是deg，当角度为负值时，元素将逆时针旋转。浏览器显示效果如图8-29所示。代码如下。

```
<style>
  body{
    padding:200px;
  }
  div{
    width:200px;
    height:200px;
    background-color:#FEC6AF;
    transform: rotate(30deg);
  }
</style>
<body>
  <div></div>
</body>
```

205

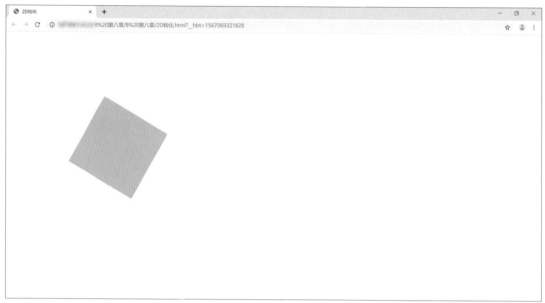

图8-29 旋转

8.2.8 calc() 函数计算

calc()函数可以实现动态数值计算，并且支持不同单位的数值之间的计算，如百分比与px数值之间的计算。

需要注意的是，运算符前后都需要保留一个空格，如width: calc(100% - 10px)；任何长度值都可以使用calc()函数进行计算；calc()函数支持+、-、×、/运算；calc()函数使用标准的数学运算优先级规则。

calc()函数最常见的应用场景是，在未知尺寸的盒子里，将元素在x、y方向上完全居中。

【例8-14】

创建一个div元素，使html和body的宽高都为100%，盛满屏幕的可视区域，浏览器显示效果如图8-30所示。代码如下。

```
<style>
  html,body{
    width:100%;
    height:100px;
    padding:0;
    margin:0;
  }

  div{
    width:100px;
    height:100px;
    background-color:palevioletred;
  }
</style>
<body>
  <div></div>
</body>
```

图8-30　创建一个div元素

使用margin:0 auto的方法可以完成元素的水平居中，但垂直方向并不支持auto的写法，无法使用margin完成居中。

使用绝对定位的方法完成元素的居中，当top和left的值为50%时，元素的左上定点实现了绝对居中，浏览器显示效果如图8-31所示。代码如下。

```
div{
    width:100px;
    height:100px;
    background-color:palevioletred;
    margin:auto auto;
    position:absolute;
    top:50%;
    left:50%;
}
```

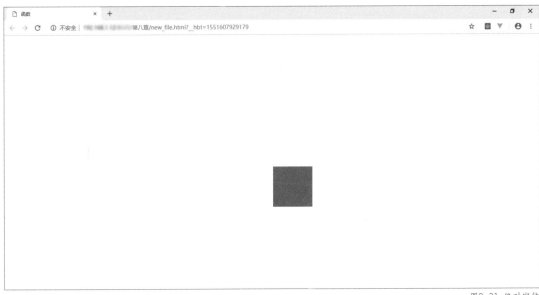

图8-31　绝对定位

元素在一个容器中绝对居中，实际上表示元素的中心点与容器的中心点重合。此时，只需要将元素绝对定位的top和left值分别减去元素高度和宽度的一半，即可实现元素的绝对居中，浏览器显示效果如图8-32所示。使用calc()函数时要注意，所有运算符号的前后都需要保持一个空格。代码如下。

```
div{
    width:100px;
    height:100px;
    background-color:palevioletred;
    margin:auto auto;
    position:absolute;
    top:calc(50% - 50px);
    left:calc(50% - 50px);
}
```

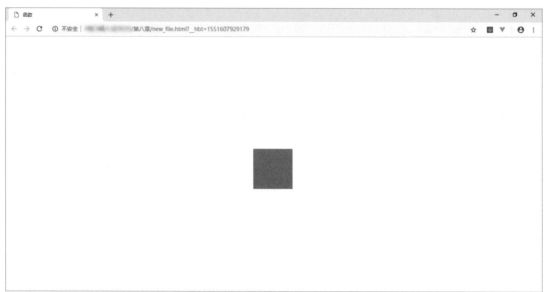

图8-32 元素的绝对居中

思考与练习

一、单选题

1. 在CSS3中使元素由一种样式转换成另一种样式，需要使用什么属性？（　　）

A. animation　　　　B. keyframes　　　　C. flash　　　　D. transition

2.运用CSS3动画，需要运用什么规则？（　　）

A. animation　　　　B. keyframes　　　　C. flash　　　　D. transition

二、简答题

怎样在水平方向和垂直方向使一个未知宽高的元素居中显示？

第9章 PC端实战
——制作一个购物网页

本章以设计一个时尚的购物网页为例，讲解网页制作过程中会遇到的一些问题并提出相应的解决办法。希望读者可以通过这次实战训练检验自己的学习成果。同时，本章也将讲解PxCook软件，帮助读者获取设计稿上的信息。

本章任务 本章为读者提供了制作购物网页的多媒体资源，包括图片、字体以及 PSD 文件，如图 9-1 所示。请使用 PxCook 测量网页信息，制作如图 9-2 所示布局的购物网页。（多媒体资源可在 QQ 群中获取，群号为 544028317。）

图9-1 第9章的多媒体资源

图9-2 购物网页设计图

9.1 PxCook工具介绍

PxCook是一个高效易用的自动标注工具，能够帮助开发者从设计图上迅速获取信息。

PxCook支持带有图层信息的PSD、Sketch以及XD设计稿的自动标注与代码生成。对于其他不包含图层信息的位图格式文件，PxCook无法对其进行分析，但是可以进行手动标注。

9.1.1 PxCook 下载

在PxCook的官方网站下载PxCook安装程序，如图9-3所示，单击【立即下载】，弹出如图9-4所示的弹窗，勾选"我接受上述条款"，然后单击【立即下载】，即可下载PxCook。

图9-3 PxCook官网

提示　安装PxCook之前请先下载并安装Adobe AIR。

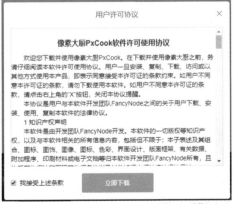

图9-4 下载PxCook

9.1.2 PxCook 安装

双击下载好的文件，在如图9-5所示的弹窗中单击【安装】，进入如图9-6所示的弹窗，单击【继续】，即可成功安装PxCook。

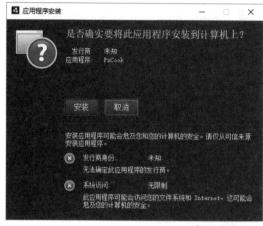

图9-5 安装PxCook

图9-6 安装PxCook

9.1.3 PxCook "快速入门" 文档

如图9-7所示，PxCook提供了"快速入门"文档，详细介绍了软件的各种功能，推荐初次使用PxCook的用户阅读这个文档。

图9-7 PxCook "快速入门" 文档

9.1.4 新建项目

打开PxCook，如图9-8所示，单击【项目】→【新建项目】。在图9-9所示的弹窗中填写项目名称，选择【Web】，单击【创建本地项目】，即可创建一个PxCook项目。

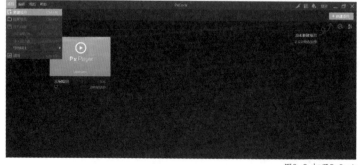

图9-8 打开PxCook

图9-9 新建PxCook项目

PxCook内置了自主研发的PSD渲染引擎，支持直接拖入PSD文件。将准备好的PSD文件拖入到如图9-10所示的项目页面中，即可实现文件的导入，效果如图9-11所示。

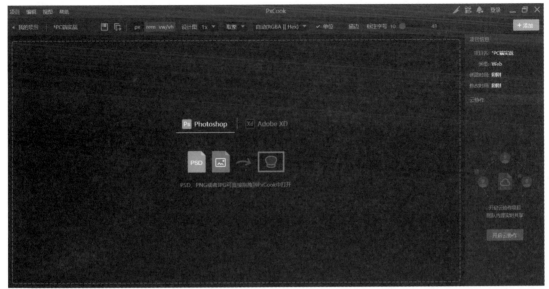

图9-10 将PSD文件拖入界面中

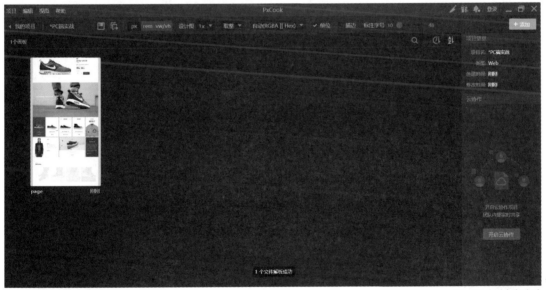

图9-11 文件解析成功

操作：

（1）双击图片，可实现图片的放大居中；

（2）Alt + 滚动鼠标滚轮，可实现图片的放大与缩小；

（3）空格键 + 鼠标拖动，可实现图片的拖动。

9.1.5 开发模式

PxCook开发模式能够实现自动标注、代码生成。开发模式下，开发者可以直接查看设计稿中元素的内容、间距、尺寸、样式等。同时，单击选中设计图中的元素，在右侧属性栏中会生成对应的样式代码，如图9-12所示。

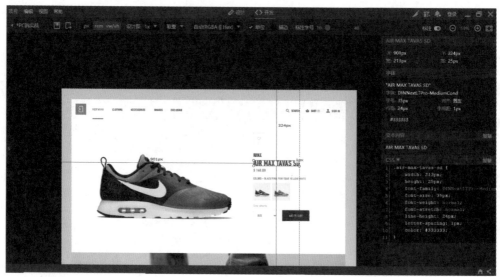

图9-12 开发模式

9.1.6 设计模式

PxCook设计模式下，鼠标指针移入左侧工具栏的图标上时会出现功能词条及其快捷键，介绍如下。

（1）智能标注：单击 🔘 ，在设计图中选中元素，在左侧菜单中单击需要的标注，可以标注相关尺寸或样式信息，标注效果如图9-13所示。

（2）选择工具：选中 ▶ ，单击设计图中的元素，即可选中对应元素。

图9-13 标注

（3）距离标注：选中 ✏ ，单击设计图中的起点处，拖动鼠标到终点时放开左键，即可测量两点之间的距离，如图9-14所示。

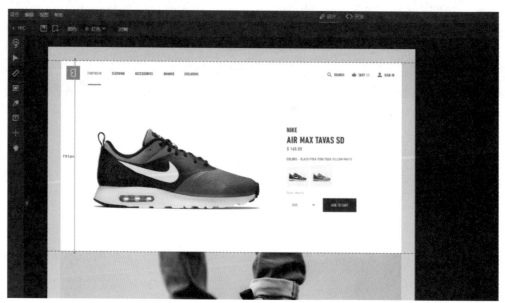

图9-14 测量标注

（4）区域标注：选中■，单击设计图中的任意位置，拖动，放开鼠标左键后得到一个矩形，并标注该矩形的宽高，如图9-15所示。

（5）颜色标注：选中■，单击设计图中的任意位置，即可标注该点的颜色，效果如图9-16所示。

（6）文字说明：选中■，单击设计图中的任意位置，即可生成文本框，可以在设计图中标注文字，效果如图9-17所示。

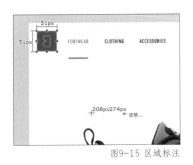

图9-15 区域标注

图9-16 颜色标注

图9-17 文字标注

（7）坐标点标注：选中■，单击设计图中的任意位置，即可标注该点坐标（设计图的左上角为坐标原点），效果如图9-18所示。

（8）抓手工具：选中■，单击设计图并移动鼠标，即可拖动设计图。

图9-18 坐标点标注

9.1.7 配合 Photoshop 完成切图

PxCook可以对含有图层信息的PSD设计稿进行快捷切图操作。

单击PxCook菜单中的【帮助】→【切图工具】，PxCook变成了一个小弹窗，如图9-19所示。

在Photoshop中选中需要获取的图片，在图9-19所示的弹窗中单击【按选择切图】，选择保存的路径■ D:/shixiaoyan/s... □，切好的图片会保存在此路径中。选择图片格式■ png • jpg psd■，单击最下方【切所选图层】按钮，即可完成切图。

 提示　在切图模式下，无法返回PxCook主界面。关掉切图弹窗，即可返回PxCook主界面。

图9-19 切图状态下的PxCook

9.2 项目结构

本节介绍如何安排一个复杂页面的文件结构。

新建一个文件夹，命名为"第9章 PC端实战"，将所有文件都放在这个文件夹中。将项目需要的内容分为4个部分，分别是css文件夹、font文件夹、img文件夹以及html文件夹，如图9-20所示。

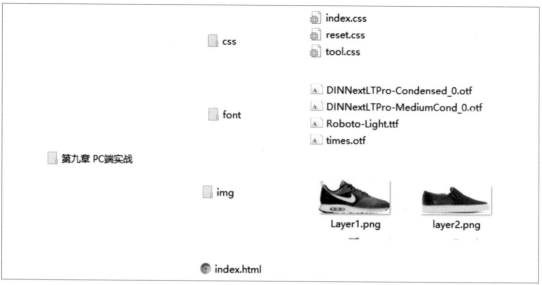

css文件夹用来承载所有的CSS文件，一般分为reset.css、tool.css、index.css。其中，reset.css表示页面初始化样式，用于去掉元素的默认样式；tool.css包含页面中的工具样式，一般会包括浮动样式、清除浮动样式，可以提出工具样式、多次调取，是简化CSS代码的方法之一；index.css包含页面的所有样式。对于同一元素，后引入的样式会覆盖前面的样式。因此，将CSS文件引入HTML文件时，CSS文件的引入顺序为reset.css→tool.css→index.css。

font文件夹包含所有的字体文件，本页面涉及的字体都采用CSS3中的@font-face方法将字体引入页面。

img文件夹包含项目所有用到的图片。

index.html是项目的HTML文件，直接放在项目的根目录下即可。

reset.css代码如下。

```
body,ul,ol,li,p,h1,h2,h3,h4,h5,h6,form,fieldset,table,td,img,div{margin:
0;padding:0;border:0;}
ul,ol{list-style-type:none;}
select,input,img,select{vertical-align:middle;}
a{text-decoration:none;}
a:link{color:#009;}
a:visited{color:#800080;}
a:hover,a:active,a:focus{color:#c00;text-decoration:underline;}
```

tools.css代码如下。

```
/* 浮动相关的样式 */
.fl{
    float:left;
}
.fr{
```

```
  float:right;
}
.clearfix::after{
  display:block;
  content:"";
  clear:both;
}
/* 引入自定义字体 */
@font-face
{
  font-family: DinNext;
  src: url('../font/DINNextLTPro-Condensed_0.otf')
}
@font-face
{
  font-family: Roboto-Light;
  src: url('../font/Roboto-Light.ttf')
}
@font-face
{
  font-family: DinNext-MediumCond;
  src: url('../font/DINNextLTPro-MediumCond_0.otf')
}
@font-face
{
  font-family: TimesNewRoman;
  src: url('../font/times.otf')
}
```

9.3 网页制作前的准备

制作网页之前，需要思考怎样让网页在不同分辨率的显示器上都能取得良好的显示效果，并做好相应准备。

9.3.1 分辨率

分辨率是指显示器能显示的像素有多少。由于屏幕上的点、线、面都是由像素组成的，显示器可显示的像素越多，画面就越清晰。同一尺寸的屏幕，分辨率越高，画面就越清晰。

不同品牌和型号的计算机有不同的分辨率，浏览器显示出来的网页效果会有所差异。为了让使用不同计算机的网页浏览者都有良好的体验，对于固定尺寸的页面来说，布局时要将主要内容在页面上居中显示，下面以淘宝网为例进行说明。

9.3.2 内容居中

淘宝网在1280×768、1920×1080分辨率下呈现的效果如图9-21、图9-22所示。可以清楚地看到，无论分辨率多少，网页的内容尺寸不变，并且始终水平居中显示。这是通过将内容部分放在一个div元素中，并且设置CSS样式margin:0 auto实现的。

图9-21 淘宝网在1280×768分辨率下呈现的效果

图9-22 淘宝网在1920×1080分辨率下呈现的效果

9.4 项目布局

制作页面时，应遵循从整体到细节的制作原则。因此，在实现细节效果之前，首先要完成整个页面的布局。

通过测量可以得到网页内容的宽度为1280px。为了让网页在不同分辨率下都能居中显示，创建一个div元素，表示整个页面，设置宽度为1280px，并且水平居中。制作页面时，一般不限制最外层容器的高度，而是选择让内容把高度撑起来的方式。在填入内容之前，为了方便查看效果，先设置高度为1000px，整个页面为浅蓝色，内容主体部分为白色，浏览器显示效果如图9-23所示。填充内容之后，删除高度的CSS样式，让元素的内容撑开高度。HTML代码如下。

```
<body>
    <div class="page">
    </div>
</body>
```

CSS代码如下。

```
body{
    background-color:#cbcfdc;
}
.page{
    width:1280px;
    height:1000px;
    margin:0 auto;
    background-color:#ffffff;
}
```

图9-23 整体居中

图9-24 分析页面结构

进一步分析页面结构,将整个页面分为头部、主要内容、尾部3个部分,如图9-24所示,分别使用HTML5中新的结构元素<header>、<main>、<footer>表示。其中,<main>的部分根据不同的内容又分为3个部分,分别设置class名为page1、page2、page3。HTML代码如下。

```
<body>
    <div class="page">
        <header></header>
        <main>
            <div class="page1"></div>
            <div class="page2"></div>
            <div class="page3"></div>
        </main>
        <footer></footer>
    </div>
</body>
```

测量页面各部分的高度，设置CSS样式，此时要删除最外层父级的高度。为了能直观地从浏览器中看到页面的布局，为每一部分设置不同的颜色，并且将<main>标签中的3个部分用下边框分隔开来，浏览器显示效果如图9-25所示。CSS代码如下。

```css
.page{
    width:1280px;
    height:1000px;
    margin:0 auto;
    background-color:#ffffff;
}
header{
    height:90px;
    background-color:#fac60e;
}
main{
    background-color:#cad972;
}
.page1{
    height:610px;
    border-bottom:1px solid #000000;
}
.page2{
    height:660px;
    border-bottom:1px solid #000000;
}
.page3{
    height:761px;
    border-bottom:1px solid #000000;
}
footer{
    height:660px;
    background-color:#5c8a9a;
}
```

图9-25 页面结构

9.5 <header>部分难点讲解

<header>部分的主要内容是导航栏，请参考第5章例5-7中的导航案例。本节主要讲解<header>部分的图文对齐和添加锚点。

9.5.1 图文对齐

如图9-26所示的用户服务导航由文字和图标组成。经过测量，已知<header>部分高度90px，图标的高度为18px、宽度为16px，字体大小为12px。

Q SEARCH   🛒 CART (2)   👤 SIGN IN

图9-26 用户服务导航

首先完成导航的结构部分。对于多个相同结构的内容，一般选用ul列表元素完成布局，设置浮动和高度。下面的描述中将使用元素的类名来代指元素。HTML代码如下。

```
<header class="head clearfix">
   <ul class="menu fr">
      <li class="fl"></li>
      <li class="fl"></li>
      <li class="fl"></li>
   </ul>
</header>
```

因为导航中的文字和图标都不超过18px，所以将.menu的高度设置为18px，使用外边距调节它在页面中的位置。CSS代码如下。

```
header{
   height:90px;
   background-color:#fac60e;
   width:1280px;
   height:90px;
   margin:0 auto;
   font-family:DinNext
}
header .menu{
    margin:38px 27px 0 0;
}
header .menu li{
   height:18px;
   margin-left:30px;
   letter-spacing:1px;
}
```

li元素中，分别使用i元素和span元素表示图标和文字，浏览器显示效果如图9-27所示。HTML代码如下。

图9-27 文字与图标

```
<ul class="menu fr">
   <li class="fl">
      <i class="icon fl"></i>
      <span class="fl">SEARCH</span>
   </li>
   <li class="fl">
      <i class="icon fl"></i>
      <span class="fl">
         CART <span>(2)</span>
      </span>
   </li>
   <li class="fl">
      <i class="icon fl"></i>
      <span class="fl">SIGN IN</span>
   </li>
</ul>
```

提示　对于页面中的图标来说，一般使用内联元素i表示，使用CSS样式display:block将其转化
为块元素，设置宽度和高度，并用背景图的方式引入图片。这种写法符合元素语义化的
要求，有利于构建清晰的页面结构和SEO（利用搜索引擎的规则提高网站在有关搜索引擎内的自然
排名）。

测量并设置文字与图标的样式，设置字体大小，给文字设置
"行高"与"高度"相等，使其纵向居中。浏览器显示效果如图
9-28所示。代码如下。

图9-28 使文字纵向居中

```
header .menu li i{
    width:16px;
    height:18px;
    margin-right:10px;
}
header .menu li span{
    height:18px;
    line-height:18px;
    font-size:12px;
}
```

给图标添加背景图片。nth-of-type(n)可以分别匹配同类型
的第n个同级元素，这种写法可以极大地减少class名的使用率。
浏览器显示效果如图9-29所示。CSS代码如下。

图9-29 用背景图片的方式添加图标

```
header .menu li:nth-of-type(1) i{
    background-image:url(../img/search.png)
}
header .menu li:nth-of-type(2) i{
    background-image:url(../img/shopbag.png)
}
header .menu li:nth-of-type(3) i{
    background-image:url(../img/user.png)
}
```

提示　使用nth-of-type(n)时，需要特别注意"第n个同级元素"的概念，这里的"同级元素"
是指相同父元素下的兄弟元素。例如，在上面的案例中，需要选择的是每一个i元素。
那么，i元素之间是同级的关系吗？下面所示代码中（黄框部分），每一个i元素分别属于不同的
li元素，所以不符合"同级元素"的概念；而每一个li元素（绿框部分），都属于同一个父级ul元
素，它们符合使用nth-of-type(n)的标准。所以，在选择i元素的时候，先使用header .menu
li:nth-of-type(n)选择每一个li元素，再使用header .menu li:nth-of-type(3) i选
中其子级i元素。

```
<ul class="menu fr">
  <li class="fl">
    <i class="icon fl"></i>
    <span class="fl">SEARCH</span>
```

```
    </li>
    <li class="fl">
        <i class="icon fl"></i>
        <span class="fl">
            CART <span>(2)</span>
        </span>
    </li>
    <li class="fl">
        <i class="icon fl"></i>
        <span class="fl">SIGN IN</span>
    </li>
</ul>
```

9.5.2 锚点

可以使用name属性和id属性两种方式设置锚点，本案例使用id属性给元素设置锚点。代码如下。

```
<div class="page1" id="page1"></div>
```

在导航部分设置对应的超链接，设置href属性为"#"+"id名"。代码如下。

```
<li class="fl active">
    <a  href="#page1">PURCHASE</a>
</li>
```

9.6 <main>部分中.page1难点

<main>部分总体为左右布局，左侧展示商品图片，右面展示商品的详细信息，如图9-30所示，布局请参考第5章中的例5-8。

图9-30 <main>部分设计图

9.6.1 复杂页面的选择器使用

在复杂页面中设定样式时，最容易出错的就是选择器的使用。结构复杂的页面中元素很多，使用选择器时容易选到多余的元素。想要避免这种情况，请遵循以下两个规则。

（1）在外层结构中尽量不要使用元素选择器的写法，如.page1 div。.page1中含有多个div元素，这种写法会选到多余的元素，尽量使用类选择器以做区别。

例如，在下面代码中，使用.page1 div会选到.page1下面所有的div元素。

```html
<div class="page1 clearfix" id="page1">
  <img src="img/showShoes.jpg" alt="" class="fl bigpic"/>
  <div class="fl right">
    <div class="color">
      <span>COLORS - </span>
      <span>BLACK/PINK POW/TOUR YELLOW/WHITE </span>
    </div>
    <div class="shorten clearfix">
      <div class="img fl">
          <img src="img/shorten1.jpg" alt="" />
      </div>
      <div class="img fl">
          <img src="img/shorten2.jpg" alt="" />
      </div>
    </div>
  </div>
</div>
```

（2）在复杂页面中使用选择器时，要将父级结构写清楚，相当于提前给元素划定选择的范围，层级最好不超过3层。参考写法如下。

```css
.page1{
}
.page1 .color{
}
.page1 .color span:nth-of-type(2){
}
.page1 .shorten{
}
.page1 .shorten .img{
}
.page1 .shorten .img img{
}
.page1 .shorten .size-name{
}
.page1 .btns{
}
.page1 .btns .btn-size{
}
.page1 .btns .btn-add{
}
```

9.6.2 留白较多的页面怎样布局

.page1是一个留白比较多的页面，读者在测量时可能无从下手。遇到这种情况，依然遵循由整体到细节的布局规则，按照页面各部分的位置和含义，将.page1分为左右两个部分，如图9-31所示。确定这两部分的尺寸时，可以选择两部分中内容的最大高度和最大宽度作为外层结构的高度和宽度，再使用外边距margin来确定它们的位置。

图9-31 将.page1分为左右两个部分

9.7 \<main>部分中.page2难点

背景图片居中显示的具体知识点详见第3章3.4.3小节。

在.page2部分中，背景图片充满整个内容。在一些情况下，背景图片会大于所处的div元素，此时需要设置居中对齐，保证背景图片的展示效果，代码如下。

```
background:#000000 center no-repeat url(../img/shoe-bk.jpg);
```

9.8 \<main>部分中.page3难点

制作.page3时需要注意暂时性内容的处理。

如图9-32所示，红框中的图片标签属于暂时出现在页面上的内容。例如，"new"标签表示此商品新上架，在一段时间后，此商品不是新上架的状态了，就要删除"new"标签。如果使用正常文档流的布局写法，删除新标签时会影响到页面整体布局。所以，类似"new"标签这样的暂时性内容，应该采取定位的方式出现在页面上，等删除标签时才不影响页面整体布局。

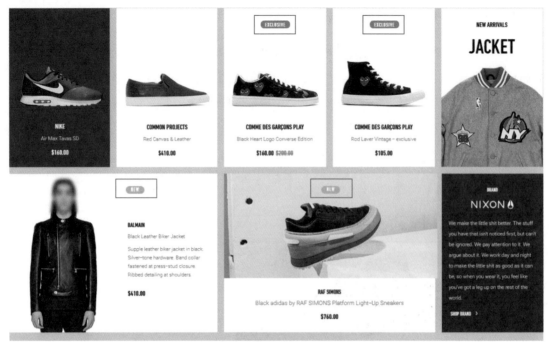

图9-32 .page3示意图

9.9 小结

　　本章任务涉及本书的大部分内容，如各类标签的使用、文本样式、盒模型布局、浮动、定位以及HTML5新增的语义化元素。乍一看，这个复杂的页面令人望而生畏，实际上，在分析拆解之后，它正是由之前所练习过的一个个案例拼接而成的。经过1~8章的学习和训练，相信读者已经具备了完成一个复杂静态页面的能力。希望各位读者迎难而上，秉承从整体到细节的制作理念，一步步完成本章的实战训练，从而检验自己的学习成果。

附录

HTML 元素速查表（按字母顺序排列）

标签	描述
<!--...-->	定义注释
<!DOCTYPE>	定义文档类型
<a>	定义超链接
<abbr>	定义缩写
<acronym>	定义只取首字母的缩写
<address>	定义文档作者的联系信息
<area>	定义图像映射内部的区域
<article>	定义文章
<aside>	定义页面内容之外的内容
<audio>	定义音频内容
<b>	定义粗体字
<base>	定义页面中所有链接的默认地址或默认目标
<bdi>	定义文本的文本方向，使其脱离其周围文本的方向设置
<bdo>	定义文字方向
<big>	定义大号文本
<blockquote>	定义长的引用
<body>	定义文档的主体
 	定义换行
<button>	定义按钮
<canvas>	定义 CSS3 图形
<caption>	定义表格的标题
<cite>	定义引用
<code>	定义计算机代码文本
<col>	定义表格中一个或多个列的属性值
<colgroup>	定义表格中供格式化的列组
<command>	定义命令按钮
<datalist>	定义下拉列表

标签	描述
<dd>	定义定义列表中项目的描述
<del>	定义被删除文本
<details>	定义元素的细节
<div>	定义文档中的节
<dfn>	定义定义项目
<dialog>	定义对话框或窗口
<dl>	定义定义列表
<dt>	定义定义列表中的项目
<em>	定义强调文本
<embed>	定义外部交互内容或插件
<fieldset>	定义围绕表单中元素的边框
<figcaption>	定义 figure 元素的标题
<figure>	定义媒介内容的分组，以及它们的标题
<footer>	定义 section 或 page 的页脚
<form>	定义供用户输入的 HTML 表单
<frame>	定义框架集的窗口或框架
<frameset>	定义框架集
<h1>to<h6>	定义 HTML 标题
<head>	定义关于文档的信息
<header>	定义 section 或 page 的页眉
<hr>	定义水平线
<html>	定义 HTML 文档
<i>	定义斜体字
<iframe>	定义内联框架
<img>	定义图像
<input>	定义输入控件
<ins>	定义被插入文本
<kbd>	定义键盘文本
<keygen>	定义生成密钥
<label>	定义 input 元素的标注

标签	描述
\<legend\>	定义 fieldset 元素的标题
\<li\>	定义列表的项目
\<link\>	定义文档与外部资源的关系
\<map\>	定义图像映射
\<mark\>	定义有记号的文本
\<menu\>	定义命令的列表或菜单
\<menuitem\>	定义用户可以从弹出菜单调用的命令 / 菜单项目
\<meta\>	定义关于 HTML 文档的元信息
\<meter\>	定义预定义范围内的度量
\<nav\>	定义导航链接
\<noframes\>	定义针对不支持框架的用户的替代内容
\<noscript\>	定义针对不支持客户端脚本的用户的替代内容
\<object\>	定义内嵌对象
\<ol\>	定义有序列表
\<optgroup\>	定义选择列表中相关选项的组合
\<option\>	定义选择列表中的选项
\<output\>	定义输出的一些类型
\<p\>	定义段落
\<param\>	定义对象的参数
\<pre\>	定义预格式文本
\<progress\>	定义任何类型的任务的进度
\<q\>	定义短的引用
\<rp\>	定义若浏览器不支持 ruby 元素显示的内容
\<rt\>	定义 ruby 注释的解释
\<ruby\>	定义 ruby 注释
\<samp\>	定义计算机代码样本
\<script\>	定义客户端脚本
\<section\>	定义 section
\<select\>	定义选择列表（下拉列表）
\<small\>	定义小号文本
\<source\>	定义媒介源

标签	描述
<span>	定义文档中的节
<strong>	定义强调文本（粗体）
<style>	定义文档的样式信息
<sub>	定义下标文本
<summary>	为 details 元素定义可见的标题
<sup>	定义上标文本
<table>	定义表格
<tbody>	定义表格中的主体内容
<td>	定义表格中的单元
<textarea>	定义多行的文本输入
<tfoot>	定义表格中的注释内容
<th>	定义表格中的表头单元格
<thead>	定义表格中的表头内容
<time>	定义日期 / 时间
<title>	定义文档的标题
<tr>	定义表格中的行
<track>	定义用在媒体播放器中的文本轨道
<tt>	定义打字机文本
<ul>	定义无序列表
<var>	定义文本的变量部分
<video>	定义视频

CSS 属性速查表

CSS字体属性（Font）

属性	描述	CSS
font	在一个声明中设置所有字体属性	1
font-family	规定文本的字体系列	1
font-size	规定文本的字体尺寸	1
font-size-adjust	为元素规定 aspect 值	2

属性	描述	CSS
font-stretch	收缩或拉伸当前的字体系列	2
font-style	规定文本的字体样式	1
font-variant	规定是否以小型大写字母的字体显示文本	1
font-weight	规定字体的粗细	1

CSS文本属性（Text）

属性	描述	CSS
color	设置文本的颜色	1
direction	规定文本的方向 / 书写方向	2
letter-spacing	设置字符间距	1
line-height	设置行高	1
text-align	规定文本的水平对齐方式	1
text-decoration	规定添加到文本的装饰效果	1
text-indent	规定文本块首行的缩进	1
text-shadow	规定添加到文本的阴影效果	2
text-transform	控制文本的大小写	1
unicode-bidi	设置文本方向	2
white-space	规定如何处理元素中的空白	1
word-spacing	设置单词间距	1
hanging-punctuation	规定标点字符是否位于线框之外	3
punctuation-trim	规定是否对标点字符进行修剪	3
text-align-last	设置如何对齐最后一行或紧挨着强制换行符之前的行	3
text-emphasis	向元素的文本应用重点标记以及重点标记的前景色	3
text-justify	规定当 text-align 设置为 justify 时所使用的对齐方法	3
text-outline	规定文本的轮廓	3
text-overflow	规定当文本溢出包含元素时发生的事情	3
text-shadow	向文本添加阴影	3
text-wrap	规定文本的换行规则	3
word-break	规定非中日韩文本的换行规则	3
word-wrap	允许对长的不可分割的单词进行分割并换行到下一行	3

CSS背景属性（Background）

属性	描述	CSS
background	在一个声明中设置所有的背景属性	1
background-attachment	设置背景图像是否固定或者随着页面的其余部分滚动	1
background-color	设置元素的背景颜色	1
background-image	设置元素的背景图像	1
background-position	设置背景图像的开始位置	1
background-repeat	设置是否及如何重复背景图像	1
background-clip	规定背景的绘制区域	3
background-origin	规定背景图片的定位区域	3
background-size	规定背景图片的尺寸	3

过渡属性（Transition）

属性	描述	CSS
transition	简写属性，用于在一个属性中设置 4 个过渡属性	3
transition-property	规定应用过渡的 CSS 属性的名称	3
transition-duration	规定过渡效果花费的时间	3
transition-timing-function	规定过渡效果的时间曲线	3
transition-delay	规定过渡效果何时开始	3

盒模型相关属性

CSS外边距属性（Margin）

属性	描述	CSS
margin	在一个声明中设置所有外边距属性	1
margin-bottom	设置元素的下外边距	1
margin-left	设置元素的左外边距	1
margin-right	设置元素的右外边距	1
margin-top	设置元素的上外边距	1

CSS边框属性（Border和Outline）

属性	描述	CSS
border	在一个声明中设置所有的边框属性	1

属性	描述	CSS
border-bottom	在一个声明中设置所有的下边框属性	1
border-bottom-color	设置下边框的颜色	2
border-bottom-style	设置下边框的样式	2
border-bottom-width	设置下边框的宽度	1
border-color	设置 4 条边框的颜色	1
border-left	在一个声明中设置所有的左边框属性	1
border-left-color	设置左边框的颜色	2
border-left-style	设置左边框的样式	2
border-left-width	设置左边框的宽度	1
border-right	在一个声明中设置所有的右边框属性	1
border-right-color	设置右边框的颜色	2
border-right-style	设置右边框的样式	2
border-right-width	设置右边框的宽度	1
border-style	设置 4 条边框的样式	1
border-top	在一个声明中设置所有的上边框属性	1
border-top-color	设置上边框的颜色	2
border-top-style	设置上边框的样式	2
border-top-width	设置上边框的宽度	1
border-width	设置 4 条边框的宽度	1
outline	在一个声明中设置所有的轮廓属性	2
outline-color	设置轮廓的颜色	2
outline-style	设置轮廓的样式	2
outline-width	设置轮廓的宽度	2
border-bottom-left-radius	定义边框左下角的形状	3
border-bottom-right-radius	定义边框右下角的形状	3
border-image	简写属性，设置边框图像的所有属性	3
border-image-outset	规定边框图像区域超出边框的量	3
border-image-repeat	图像边框是否应平铺（repeated）、铺满（rounded）或拉伸（stretched）	3
border-image-slice	规定图像边框的向内偏移	3
border-image-source	规定用作边框的图片	3

属性	描述	CSS
border-image-width	规定图片边框的宽度	3
border-radius	简写属性，设置边框圆角	3
border-top-left-radius	定义边框左上角的边框圆角效果	3
border-top-right-radius	定义边框右下角的边框圆角效果	3
box-shadow	向方框添加一个或多个阴影	3

CSS 内边距属性（Padding）

属性	描述	CSS
padding	在一个声明中设置所有内边距属性	1
padding-bottom	设置元素的下内边距	1
padding-left	设置元素的左内边距	1
padding-right	设置元素的右内边距	1
padding-top	设置元素的上内边距	1

Box 属性

属性	描述	CSS
overflow-x	如果内容在水平方向溢出了元素区域，是否对内容进行裁剪	3
overflow-y	如果内容在垂直方向溢出了元素区域，是否对内容进行裁剪	3
overflow-style	规定溢出元素的首选滚动方法	3
rotation	围绕由 rotation-point 属性定义的点对元素进行旋转	3
rotation-point	定义距离上左边框边缘的偏移点	3

CSS 定位属性（Positioning）

属性	描述	CSS
clear	规定元素的某一侧不允许存在其他浮动元素	1
clip	剪裁绝对定位元素	2
cursor	规定要显示的光标的类型（形状）	2
display	规定元素应该生成的框的类型	1
float	规定框是否应该浮动	1
overflow	规定当内容溢出元素框时发生的事情	2

属性	描述	CSS
position	规定元素的定位类型	2
left	设置定位元素左外边距边界与其包含块左边界之间的偏移	2
right	设置定位元素右外边距边界与其包含块右边界之间的偏移	2
bottom	设置定位元素下外边距边界与其包含块下边界之间的偏移	2
top	设置定位元素上外边距边界与其包含块上边界之间的偏移	2
vertical-align	设置元素的垂直对齐方式	1
visibility	规定元素是否可见	2
z-index	设置元素的堆叠顺序	2

CSS列表属性（List）

属性	描述	CSS
list-style	在一个声明中设置所有的列表属性	1
list-style-image	将图像设置为列表项标记	1
list-style-position	设置列表项标记的放置位置	1
list-style-type	设置列表项标记的类型	1

CSS表格属性（Table）

属性	描述	CSS
border-collapse	规定是否合并表格边框	2
border-spacing	规定相邻单元格边框之间的距离	2
caption-side	规定表格标题的位置	2
empty-cells	规定是否显示表格中的空单元格上的边框和背景	2
table-layout	设置用于表格的布局算法	2

超链接属性

属性	描述	CSS
target	简写属性，设置 target-name、target-new 以及 target-position 属性	3
target-name	规定在何处打开链接（链接的目标）	3
target-new	规定目标链接在新窗口还是在已有窗口的新标签页中打开	3
target-position	规定在何处放置新的目标链接	3

过渡属性（Transition）

属性	描述	CSS
transition	简写属性，用于在一个属性中设置 4 个过渡属性	3
transition-property	规定应用过渡的 CSS 属性的名称	3
transition-duration	定义过渡效果花费的时间	3
transition-timing-function	规定过渡效果的时间曲线	3
transition-delay	规定过渡效果何时开始	3

HTML 实体符号速查表

1.特色的

©	&copy;	版权标志
|		竖线，常用作菜单或导航中的分隔符
·	&middot;	圆点，有时被用来作为菜单分隔符
↑	&uarr;	上箭头，常用作网页"返回页面顶部"标识
€	&euro;	欧元标识
²	&sup2;	上标 2，数学中的平方，在数字处理中常用到，如 1000^2
½	&frac12;	二分之一
♥	&hearts;	心型

2.常用的

		空格
&	&amp;	and 符号，与
"	&quot;	引号
©	&copy;	版权标志
®	&reg;	注册标志
™	&trade;	商标标志
"	&ldquo;	左双引号
"	&rdquo;	右双引号
'	&lsquo;	左单引号
'	&rsquo;	右单引号
«	&laquo;	左三角双引号
»	&raquo;	右三角双引号

‹	&lsaquo;	左三角单引号
›	&rsaquo;	右三角单引号
§	&sect;	章节标志
¶	&para;	段落标志
•	&bull;	列表圆点（大）
·	&middot;	列表圆点（中）
…	&hellip;	省略号
|		竖线
¦	&brvbar;	断的竖线
–	&ndash;	短破折号
—	&mdash;	长破折号

3.货币类

¤	&curren;	一般货币符号
$		美元符号
¢	&cent;	分
£	&pound;	英镑
¥	&yen;	日元
€	&euro;	欧元

4.数学类

<	&lt;	小于号
>	&gt;	大于号
≤	&le;	小于等于号
≥	&ge;	大于等于号
×	&times;	乘号
÷	&divide;	除号
−	&minus;	减号
±	&plusmn;	加 / 减 号
≠	&ne;	不等于号
^{1}	&sup1;	上标 1
^{2}	&sup2;	上标 2

3	&sup3;	上标 3
½	&frac12;	二分之一
¼	&frac14;	四分之一
¾	&frac34;	四分之三
‰	&permil;	千分率
°	&deg;	度
√	&radic;	平方根
∞	&infin;	无限大

5. 方向类

←	&larr;	左箭头
↑	&uarr;	上箭头
→	&rarr;	右箭头
↓	&darr;	下箭头
↔	&harr;	左右箭头
↵	&crarr;	回车箭头
⌈	&lceil;	左上限
⌉	&rceil;	右上限
⌊	&lfloor;	左下限
⌋	&rfloor;	右下限

6. 其他

♠	&spades;	黑桃
♣	&clubs;	梅花
♥	&hearts;	红桃，心
♦	&diams;	方块
◊	&loz;	菱形
†	&dagger;	匕首
‡	&Dagger;	双剑号
¡	&iexcl;	反向感叹号
¿	&iquest;	反向问号

CSS3 选择器

在CSS中，选择器是一种模式，用于选择需要添加样式的元素。

CSS列指示该属性是在哪个CSS版本（CSS1、CSS2还是CSS3）中定义的。

选择器	例子	例子描述	CSS
.class	.box	选择 class="box" 的所有元素	1
#id	#user	选择 id="user" 的所有元素	1
*	*	选择所有元素	2
element	div	选择所有 div 元素	1
element,element	div,span	选择所有 div 元素和所有 span 元素	1
element element	div a	选择 div 元素内部的所有 a 元素	1
element element	div a	选择父元素为 div 元素的所有 a 元素	2
element+element	div+a	选择紧接在 div 元素之后的所有 a 元素	2
[attribute]	[target]	选择带有 target 属性所有元素	2
[attribute=value]	[target=_blank]	选择 target="_blank" 的所有元素	2
[attribute~=value]	[title~=flower]	选择 title 属性包含单词 "flower" 的所有元素	2
[attribute|=value]	[lang|=en]	选择 lang 属性值以 "en" 开头的所有元素	2
:link	a:link	选择所有未被访问的链接	1
:visited	a:visited	选择所有已被访问的链接	1
:active	a:active	选择活动链接	1
:hover	a:hover	选择鼠标指针位于其上的链接	1
:focus	input:focus	选择获得焦点的 input 元素	2
:first-letter	p:first-letter	选择每个 p 元素的首字母	1
:first-line	p:first-line	选择每个 p 元素的首行	1
:first-child	p:first-child	选择属于父元素的第一个子元素的每个 p 元素	2
:before	p:before	在每个 p 元素的内容之前插入内容	2
:after	p:after	在每个 p 元素的内容之后插入内容	2
:lang(language)	p:lang(it)	选择带有以 "it" 开头的 lang 属性值的每个 p 元素	2
element1~element2	p~ul	选择前面有 p 元素的每个 ul 元素	3
[attribute^=value]	a[src^="https"]	选择其 src 属性值以 "https" 开头的每个 a 元素	3
[attribute$=value]	a[src$=".pdf"]	选择其 src 属性以 ".pdf" 结尾的所有 a 元素	3
[attribute*=value]	a[src*="abc"]	选择其 src 属性中包含 "abc" 子串的每个 a 元素	3

续表

选择器	例子	例子描述	CSS
:first-of-type	p:first-of-type	选择属于其父元素的首个 p 元素的每个 p 元素	3
:last-of-type	p:last-of-type	选择属于其父元素的最后 p 元素的每个 p 元素	3
:only-of-type	p:only-of-type	选择属于其父元素唯一的 p 元素的每个 p 元素	3
:only-child	p:only-child	选择属于其父元素的唯一子元素的每个 p 元素	3
:nth-child(n)	p:nth-child(2)	选择属于其父元素的第二个子元素的每个 p 元素	3
:nth-last-child(n)	p:nth-last-child(2)	同上，从最后一个子元素开始计数	3
:nth-of-type(n)	p:nth-of-type(2)	选择属于其父元素第二个 p 元素的每个 p 元素	3
:nth-last-of-type(n)	p:nth-last-of-type(2)	同上，但是从最后一个子元素开始计数	3
:last-child	p:last-child	选择属于其父元素最后一个子元素每个 p 元素	3
:root	:root	选择文档的根元素	3
:empty	p:empty	选择没有子元素的每个 p 元素（包括文本节点）	3
:target	#news:target	选择当前活动的 #news 元素	3
:enabled	input:enabled	选择每个启用的 input 元素	3
:disabled	input:disabled	选择每个禁用的 input 元素	3
:checked	input:checked	选择每个被选中的 input 元素	3
:not(selector)	:not(p)	选择非 p 元素的每个元素	3
::selection	::selection	选择被用户选取的元素部分	3

CSS 单位速查表

单位	描述
%	百分比
in	英寸
cm	厘米
mm	毫米
em	1em 等于当前的字体尺寸，2em 等于当前字体尺寸的两倍。例如，如果某元素以 14pt 显示，那么 2em 是 28pt。在 CSS 中，em 是非常有用的单位，因为它可以自动适应用户所使用的字体
ex	一个 ex 是一个字体的 x-height，x-height 通常是字体尺寸的一半
pt	磅，1pt 等于 1/72 英寸
pc	12 点活字，1pc 等于 12 点
px	像素，计算机屏幕上的一个点

颜色

单位	描述
（颜色名）	颜色名称，如 red
rgb(x,x,x)	RGB 值，如 rgb(0,255,0)
rgb(x%,x%,x%)	RGB 百分比值，如 rgb(0%,100%,0%)
#rrggbb	十六进制数，如 #ffff00

思考与练习答案

第2章 HTML5语法和基础标签语法

一、填空题

li

二、单选题

1. C   2. A   3. A   4. B

三、多选题

ABCD

例如：

```
<!DOCTYPE html>
<html>
    <head>
        <meta charset="utf-8" />
        <title> </title>
    <link rel="stylesheet" href="XXX.css" />
    </head>
    <body>
        <div>可见内容</div>
    </body>
</html>
```

四、判断题

1. ×   2. √

五、简答题

1. title 属性为设置该属性的元素提供建议性的信息，如为链接添加描述性文字。

alt 属性为那些不能看到文档中图像的浏览者提供文字说明。

2. ul、ol、dl 3 种列表的 HTML 结构如下。

```
            li>

    <li>apple</li>
</ol>

<dl
    <dt>apple</dt>
    <dd>a red fruit</dd>
</dl>
```

第3章 CSS语法和基础属性

一、填空题

<div class="ab" >_</div>   2. text-align:center

二、单选题

 C

解析：一般在CSS文件中，注释是采用/**/的方式。

三、多选题

ACD

四、判断题

 ×

五、简答题

1. 块级元素：div、p、h1、h2、h3、h4、h5、h6、form、ul。行内元素：a、b、br、i、span、input、select。

2. 外部样式表，引入一个外部CSS文件；内部样式表，将CSS代码放在<style>标签内部；内联样式，将CSS样式直接定义在HTML元素内部。

第4章 盒模型布局——DIV+CSS3页面布局

一、填空题

margin

二、单选题

1. C   2. A   3. C

三、简答题

1. margin:0;

padding:10px 0;

border:1px solid #ff5500;

还可以进一步简写为